岩土工程注浆模型试验
设计案例

李　鹏　　张庆松　主　编
张　霄　　王天舒　副主编

中国建筑工业出版社

图书在版编目（CIP）数据

岩土工程注浆模型试验设计案例 / 李鹏，张庆松主编；张霄，王天舒副主编. -- 北京：中国建筑工业出版社，2024. 12. -- ISBN 978-7-112-30634-3

Ⅰ. TU458

中国国家版本馆 CIP 数据核字第 2024FS1333 号

本书为黑白印刷，为提高阅读体验，提供电子版彩色图片，读者可扫码查看。

责任编辑：刘瑞霞　梁瀛元
责任校对：赵　力

岩土工程注浆模型试验设计案例

李　鹏　张庆松　主　编

张　霄　王天舒　副主编

*

中国建筑工业出版社出版、发行（北京海淀三里河路 9 号）

各地新华书店、建筑书店经销

国排高科（北京）人工智能科技有限公司制版

建工社（河北）印刷有限公司印刷

*

开本：787 毫米 × 1092 毫米　1/16　印张：10¼　字数：215 千字

2024 年 12 月第一版　　2024 年 12 月第一次印刷

定价：**50.00** 元

ISBN 978-7-112-30634-3

（43967）

编 委 会

前言 / FOREWORD

目前我国交通基础设施建设正大规模开展，隧道与地下工程建设频繁被断层、岩溶等恶劣地质条件掣肘，极易诱发塌方、突水突泥等重大地质灾害，造成的人员伤亡和经济损失惨重。注浆可以有效提高软弱围岩的强度和抗渗性能，已广泛应用于预防和处治相关地质灾害，但相比于蓬勃发展的工程实践，注浆力学机理及加固理论研究进展缓慢，已经成为制约注浆工程向科学化和可控化发展的关键因素，如何综合安全、环境、成本和工期等诸多方面的要求，以最小的代价、最高的效率和最大的安全度完成对不良地质体的有效加固，是当前注浆领域亟待解决的科学难题和工程难题。

相对于理论推导和数值模拟等注浆理论研究手段，模型试验方法可以更全面地模拟复杂的地质环境、注浆工艺和荷载作用方式，更大程度还原真实的注浆环境，揭露新的力学现象及规律，利于新的理论及数学模型的建立；同时，试验结论与工程实践更易于衔接，可为注浆方案设计提供有效的理论指导。因此，有关注浆模型试验方面的研究一直是热点。

目前采用模型试验方法开展劈裂注浆理论的相关研究主要存在以下关键性问题：被注介质较为单一，鲜少考虑地应力及动水环境因素，所模拟地质环境与实际工程差距明显；注浆试验装置尺寸较小，易受边界效应的影响，试验结论的可靠度受到影响；监测手段不够全面，难以获取被注介质力学参数对于注浆过程的响应特征；现有试验多集中于特定条件下浆液扩散半径和加固力学参数的研究，设定条件过于简单，鲜少依托实际工程，全面模拟工程地质环境、复杂注浆工艺、地质灾害发生及后续注浆处治等关键环节，试验的科学性有待进一步提高。

本书将重点介绍几个注浆模型试验设计案例，为相关研究提供参考。全书内容分为 6 章：第 1 章介绍了隧道工程劈裂注浆扩散模拟试验，由李鹏、张伟杰、李梦天、王倩等编写；第 2 章介绍了隧道工程注浆加固模拟试验，由张庆松、李鹏、张伟杰等编写；第 3 章介绍了隧道工程多序注浆扩散试验，由李鹏、张霄、李相辉等编写；第 4 章介绍了隧道工程全断面注浆模拟试验，由李鹏、张霄、张家奇等编写；第 5 章介绍了全可视化注浆模拟试验，由李鹏、张庆松、王天舒等编写；第 6 章介绍了海底隧道强风化带注浆复合体弱化模拟试验，由何灵垚、王成乾、李鹏、董坤、王俊杰等编写。全书由李鹏和王天舒统稿。

编写过程引用了相关文献内容，如有遗漏请见谅。如有错误或者问题请联系作者 lp@ouc.edu.cn。

李　鹏　张庆松

2024 年 11 月

目 录 / CONTENTS

第 1 章

隧道工程劈裂注浆扩散模拟试验

1.1 试验设计

1.1.1 依托工程概况

依托江西省吉莲高速永莲隧道帷幕注浆工程设计了一套大比例劈裂注浆模型试验系统。

永莲隧道设计为分离式隧道，长约 2500m。隧址区发育区域大断裂 F_2 等多条次生断裂，其影响范围内围岩风化程度高，表现为全风化的页岩夹强风化砂岩孤石，岩体结构破碎松散，基本无自稳能力；加之断层内补给水源丰富，具有承压水特征，揭露后涌水、涌泥量大。

2012 年 7 月 2 日—8 月 19 日，永莲隧道进口左洞共发生 8 次大规模突水、突泥，如图 1-1 所示，累计涌出淤泥约 17000m³，严重影响了隧道正常施工。

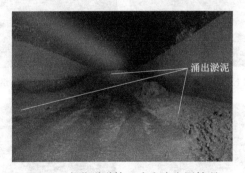

涌出淤泥

图 1-1 永莲隧道第 6 次突水突泥情况

1.1.2 试验仪器与材料

1. 模型架

模型架由圆形试验腔体单元叠加构成，如图 1-2 所示，每 2 个半圆弧板组合成 1 个腔体单元，边界处焊接 10cm 宽的圆环状钢板，通过高强度螺栓固定，形成高密封性整体，基本参数如表 1-1 所示。

图1-2　模型架示意图

模型架尺寸参数　　　　　　　　　　　　　　　　表1-1

弧板厚度/cm	弧板内径/cm	弧板高度/cm	腔体单元数目/个	总高度/cm
1	150	30	5	150

2. 充填材料

充填材料选用隧道原状土，使用烘干箱、电子秤、击实仪和液塑限联合测定仪进行天然密度、干密度、击实和液/塑限试验（图1-3），测得的原状土基本物理参数见表1-2。

(a) 原状土试样

(b) 烘干箱

(c) 击实仪

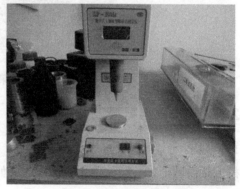

(d) 液塑限联合测定仪

图1-3　土工试验

永莲隧道原状土基本物理参数				表 1-2
天然密度/（g/cm³）	干密度/（g/cm³）	最优含水率/%	液限/%	塑限/%
2.04	1.65	23.1	35	17

3. 注浆泵

试验采用 ZBQS-12/10 注浆泵，使用空气压缩机提供动力。

4. 注浆材料

永莲隧道帷幕注浆工程水泥单液浆采用普通 425 硅酸盐水泥与水混合而成，水灰比为 1∶1，试验中选择相同浆液，具体参数见表 1-3。

水泥浆液基本参数			表 1-3
水灰比	初凝时间/h	终凝时间/h	黏度/（Pa·s）
1∶1	15	24	0.018

5. 注浆记录仪

注浆记录仪由管路注浆压力测定装置、数据传输线、数据接收仪和 G2008 操作软件构成，如图 1-4 所示。其中，管路注浆压力测定装置设置在注浆管路中，实时监测注浆压力并将采集数据通过数据传输线实时传送至数据接收仪，经接收仪处理后传输至电子计算机，通过 G2008 操作软件可实时显示注浆过程压力变化曲线，该软件具有监测过程全自动、数值准确性高等优点。

(a) 数据接收仪　　　　　　　　　　(b) 管路注浆压力测定装置

图 1-4　注浆记录仪

1.2　试验与结果分析

1.2.1　土体劈裂压力值变化规律及机制分析

不考虑试验中管路压力损失、孔隙水压力等因素，注浆管路中压力变化即可反映土体劈裂压力变化特征。

1. 土体劈裂压力变化曲线分析

1) P-t曲线

P-t曲线如图 1-5 所示，由图可知：

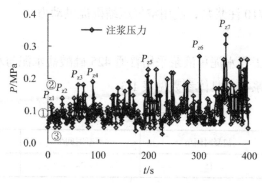

图 1-5　土体劈裂压力变化曲线

（1）土体劈裂压力总体呈现类似脉冲状规律，存在多个不均一变化循环，每循环极值大小及持续时间均有差别，如第 1 循环可以用图 1-5 中①、②及③阶段代表。

（2）试验条件下出现的首个土体劈裂压力极大值P_0为 0.12MPa，将其定义为土体启劈压力，即当注浆压力达到 0.12MPa 时土体发生第 1 次劈裂，此时试验时间t为 7s，即图 1-5 中P_{z1}点。

（3）出现注浆压力极大值代表土体发生劈裂形成浆液扩散通道，是反映土体劈裂过程的关键控制性指标，本次试验累计出现 60 次注浆压力极大值，历时 399s，极大值出现时刻以及数值大小见表 1-4。

注浆压力极大值统计表　　　　　　　　　　　　　　　　　　　表 1-4

序次	时刻/s	极大值/MPa	序次	时刻/s	极大值/MPa
1	7	0.12	31	152	0.16
2	12	0.09	32	157	0.12
3	19	0.10	33	161	0.18
4	24	0.09	34	169	0.15
5	29	0.14	35	172	0.12
6	34	0.10	36	178	0.1
7	44	0.12	37	192	0.15
8	53	0.13	38	199	0.23
9	58	0.12	39	205	0.19
10	60	0.18	40	211	0.13
11	64	0.14	41	216	0.22

序次	时刻/s	极大值/MPa	序次	时刻/s	极大值/MPa
12	70	0.17	42	238	0.13
13	75	0.15	43	241	0.13
14	79	0.10	44	250	0.22
15	81	0.10	45	265	0.14
16	85	0.11	46	272	0.18
17	89	0.19	47	277	0.19
18	94	0.12	48	290	0.15
19	103	0.12	49	302	0.27
20	107	0.09	50	318	0.14
21	111	0.07	51	322	0.13
22	118	0.11	52	328	0.10
23	124	0.10	53	334	0.17
24	127	0.14	54	340	0.17
25	131	0.15	55	349	0.26
26	136	0.11	56	354	0.34
27	138	0.17	57	370	0.19
28	141	0.13	58	380	0.25
29	143	0.11	59	389	0.23
30	148	0.13	60	395	0.26

2）土体启劈压力理论解

文献[1]在塑性力学和大变形理论的基础上，分析土体在劈裂灌浆初始阶段的力学机制，推导出土体劈裂灌浆压力的理论公式：

柱的初始孔隙压力
$$\Delta\mu_{zhu} = c_u \left[2\ln\left(\frac{r_p}{a_u}\right) + (1.73A_f - 0.58) \right] \tag{1-1}$$

灌浆压力
$$p_{zhu1} = \frac{(\Delta\mu_{zhu} - \sigma_t)(1 + \sin\varphi) + 2c\cos\varphi}{1 - \sin\varphi} + p_0 \tag{1-2}$$

式中：a_u 为扩孔后孔半径；r_p 为塑性区半径；c_u 为土的不排水强度；A_f 为孔隙压力系数；σ_t 为土体的抗拉强度；φ 为内摩擦角；c 为黏聚力；p_0 为土体中作用的初始应力，$p_0 = \rho g h$。

本次试验中，注浆孔埋深 1m，其附近土体基本参数见表 1-5。

土体基本参数　　　　　　　　　　　　　　　　　　　　表 1-5

σ_t/kPa	A_f	φ/°	c/kPa	γ/（kN/m³）	c_u/kPa
0.31	0.36	10	19.8	20.4	17.2

取r_p/a_u = 2.795,将表 1-5 中的参数代入式(1-1)、式(1-2)可得，p_{zhu1} = 117.9kPa ≈ 0.118MPa，与试验中测得的启劈压力 0.12MPa 大致相等。

2. 土体劈裂压力变化机制分析

研究表明，劈裂发生在土体最薄弱面[2-3]，而注浆是对土体不断加固的过程，土体最薄弱面在不断改变，结合 1.2.2 节从能量角度分析土体劈裂过程以及揭露的浆脉空间分区域分布特征，可以判断劈裂区域呈现分区变换特征，浆液劈裂路径可概括为浆液扩散形式转换，主、次生劈裂通道饱和，新劈裂通道形成和后续次劈裂区域饱和阶段，如图 1-6 所示。

基于浆液劈裂路径对土体劈裂压力变化机制作出如下分析。

1）浆液扩散形式转换

图 1-6 中（a）阶段，浆液以挤密和渗透作用为主，介质孔隙率不断降低，压力逐渐上升至第 1 个极大值P_{z1}（图 1-5），浆液第 1 次劈裂土体形成主劈裂通道，转而以充填和渗透作用为主，压力迅速下降。

2）主、次生劈裂通道饱和

图 1-6 中（b）阶段，主劈裂通道规模扩大，浆液不断充填、渗透，介质孔隙率降低，压力抬升，当主劈裂通道达到饱和时，浆液需在主劈裂通道周边寻求新的劈裂通道，发生后序次劈裂，劈裂强度低于区域内主劈裂，在主劈裂通道边缘产生多条次生劈裂通道，故压力又多次经历先升后降的阶段，但是压力极大值小于区域内主劈裂，即图 1-5 中出现在P_{z1}和P_{z2}之间的数个小峰值。浆液不断凝结加固土体，当浆液能量不足以再劈裂土体时，次生劈裂通道饱和，本劈裂区域最终饱和。

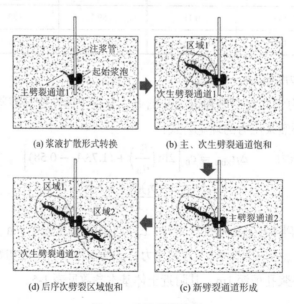

(a) 浆液扩散形式转换　　　　(b) 主、次生劈裂通道饱和

(d) 后序次劈裂区域饱和　　　　(c) 新劈裂通道形成

图 1-6　浆液劈裂路径

3）新劈裂通道形成

图 1-6 中（c）阶段，前序次劈裂区域饱和后，土体得到加固，浆液需在土体应力重分

布后的最弱面发生劈裂并寻找新的扩散区域，由于扩散距离逐渐增加、扩散通道逐渐复杂、介质孔隙率逐渐降低等因素，新的劈裂区域内形成主劈裂通道所需压力大于前序次区域。

4）后序次劈裂区域饱和

图 1-6 中（d）阶段，在主、次生劈裂通道饱和后，新的劈裂区域也最终饱和，浆液需要更大的压力，在土体应力重分布后寻找新的主劈裂面，形成新的劈裂区域，如此重复直至注浆结束。

3. 主、次生劈裂压力值界定方法及分析

浆液在每个扩散区域内首次劈裂（即主劈裂）所需压力是本区域内最大的，且浆液在其通道内扩散时间最长，形成浆脉规模最大，因此，界定劈裂压力极大值对分析浆脉分布特征十分必要。

1）主、次生劈裂压力值界定方法

根据上一节土体劈裂压力变化机制中的分析，定义启劈压力为第 1 次主劈裂压力值 P_{z1}，随时间推移，出现的首个大于 P_{z1} 的注浆压力极大值，即第 2 次主劈裂压力值 P_{z2}，依此类推，第 n 次主劈裂压力值后出现的首个大于 P_{zn} 的注浆压力极大值，即第 $n+1$ 次主劈裂压力值 $P_{z(n+1)}$，介于 P_{zn} 和 $P_{z(n+1)}$ 之间的时间段为 T_{zn}。定义除主劈裂压力值之外的注浆压力极大值为次生劈裂压力值，按照时间先后顺序定义为 $P_{c1}\cdots P_{cn}$，介于 P_{cn} 和 $P_{c(n+1)}$ 之间的时间段为 T_{cn}。

根据以上定义可知，本次试验 60 次注浆压力极大值中包含 7 次主劈裂压力值和 53 次次生劈裂压力值，其中主劈裂压力值的发生时刻、持续时间以及数值大小见表 1-6。

主劈裂压力参数统计　　　　　　　　　　　　表 1-6

序次	时刻/s	时长/s	数值/MPa
P_{z1}	7	22	120
P_{z2}	29	31	140
P_{z3}	60	29	180
P_{z4}	89	110	190
P_{z5}	199	103	230
P_{z6}	302	52	270
P_{z7}	354	45	340

2）主、次生劈裂压力值分析

（1）第 7 次主劈裂压力值呈递增规律，如图 1-7 所示，P_{z7} 与 P_{z1} 差值达 220kPa，一方面因为土体在逐步被加固；另一方面因为随着劈裂注浆的进行，浆液扩散距离逐渐增加、扩散通道逐渐复杂、介质孔隙率逐渐降低，需要更大的压力形成新的主劈裂通道。

（2）第 53 次次生劈裂压力值有整体升高的趋势，但从细部来看，压力值变化并不规则，如图 1-8 所示，参照上节的分析，这是由于在某区域内次生劈裂发生在主劈裂通道的分支部分，随浆液扩散距离增大，介质条件不断变化，土体性质的各向异性造成次生劈裂压力值大小不一。

（3）每序次主劈裂及次生劈裂持续时间变化不规则是由土体的各向异性造成的。

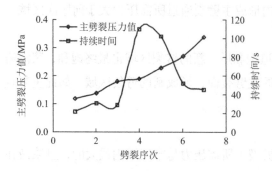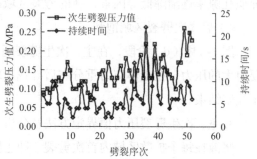

图1-7 各序次主劈裂压力值及持续时间　　　图1-8 各序次次生劈裂压力值及持续时间

1.2.2　土体劈裂过程及浆脉分布规律

结合P-t曲线从能量角度分析了土体劈裂过程，通过开挖土体直观揭露浆脉赋存特征，提出浆脉的空间分区域分布规律和主、次生浆脉共存规律。

1. 土体劈裂过程分析

1）土体有效应力监测

有效应力是土体变形的直接因素，在数值上等于土体总压力与等效孔隙压力之差。试验中埋设应变式土压力和渗透压力传感器，通过 XL2101G 静态应变仪监测土压力和渗透压力变化特征，如图1-9所示。

以注浆孔为坐标原点，分析典型坐标点 $A(0, 20, 20)$ 和 $B(0, 20, 40)$ 两点土压力和渗透压力数据并绘制有效应力变化曲线，如图1-10所示。

与图1-5对比可知，注浆过程中两点土体有效应力与注浆压力呈呼应关系，总体呈波动上升趋势。400s时，点A处有效应力升高至最大值312kPa；401s时，点B处有效应力升高至最大值162kPa。以上变化与注浆结束时间一致，反映出注浆过程中浆液不断压缩、楔入土体，土体持续发生塑性变形，有效应力随注浆时间增加不断上升；浆液对注浆孔近端土体的压缩、楔入作用要强于远端。

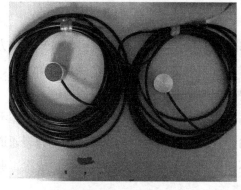

(a) 渗压、土压监测元件　　　　　　　　　　(b) 监测元件埋设

(c) 表面处理　　　　　　　　　　　　　　(d) 应变采集箱

图 1-9　渗透压力、土压力监测系统

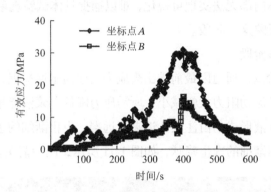

图 1-10　有效应力变化曲线

2）劈裂过程分析

文献[4]将压缩过程视为无限土体中的圆孔扩张问题，从能量耗散的角度来研究土体的劈裂机制。根据能量守恒原理，注浆所耗能量ΔE应等于存储在土体中的能量加上劈裂过程所耗能量，即

$$\Delta E = (\Delta E_s + \Delta E_f) + (\Delta E_{ic} + \Delta E_{ip} + \Delta E_{iv} + \Delta E_{is} + \Delta E_{it}) \tag{1-3}$$

式中：ΔE_s为土体的弹性应变能；ΔE_f为浆液的弹性应变能；ΔE_{ic}为劈开土体所需要的能量；ΔE_{ip}为土体的劈裂区域中塑性变形所耗能量；ΔE_{iv}为浆体表面与土体摩擦所耗能；ΔE_{is}为浆液流动时克服其内剪力所耗能量；ΔE_{it}为克服注浆系统各种摩擦所耗能量。

其中，ΔE_{ic}和ΔE_{ip}参与了土体的劈裂过程。

本试验中，在一定时间内满足：

$$\Delta E = \overline{P} \Delta V \tag{1-4}$$

式中：$\overline{P}$为平均注浆压力；ΔV为浆液注入体积。

试验中注浆速率基本保持恒定，注浆压力$\overline{P}$的变化特征可以反映注浆所耗能量ΔE的变化特征。土体的劈裂是浆液克服土体强度、初始地应力和抗拉强度后楔入的过程，结合图 1-5 中①、②、③阶段，土体劈裂过程可以划分为土体劈裂能量积聚、劈裂和浆液能量转移 3 个阶段。

（1）土体劈裂能量积聚阶段

如图 1-5 所示①阶段，浆液首先在注浆孔附近聚集而形成起始浆泡，对土体以挤密作用为主，土体在浆液作用下产生塑性变形，以塑性应变能的形式贮存能量。随着注浆压力升高，土体塑性应变能和浆液积聚的劈开土体的能量增加，浆液对土体的压缩力以及土体有效应力也不断提高。

（2）劈裂阶段

如图 1-5 所示②阶段，注浆压力升高至极大值，浆液能量积聚至可以劈裂土体，土体在压缩力作用下发生屈服、破坏，浆液在土体最薄弱面处楔入，形成浆液扩散通道。此阶段持续时间极短且土体内部无法实现可视化，难以捕捉具体试验现象，但是 P-t 曲线和有效应力监测曲线均可以反映这一阶段。

（3）浆液能量转移阶段

如图 1-5 所示③阶段，通道因最前端出现应力集中而迅速扩展，局部孔隙率增大，浆液转而以扩散为主，其流动阻力大幅减小，所需压力降低，浆液能量也向周边迅速转移。此阶段开挖后表现为浆液形成的由注浆孔近端至远端、由粗渐细的主劈裂浆脉和由主浆脉干部近端至远端、由粗渐细的次生浆脉，如图 1-11 所示，图中箭头表示浆脉走向。

图 1-11　浆脉沿走向渐细

2. 浆脉空间分区域分布规律

试验中开挖土体揭露的浆脉呈现空间分区域分布规律，为劈裂理论模型的建立提供了一定参考依据。

1）浆脉分布情况

揭露的浆脉呈现环注浆孔、多区域分布特征，且各劈裂区域浆脉生成规模和特征不一，如图 1-12 所示。表 1-7 统计了各劈裂区域主干浆脉的分布位置和尺寸，次生浆脉因尺寸较小、数量多且开挖易破坏，难以统计。

主浆脉分布位置和尺寸　　　　　　　　　表 1-7

浆脉名称	所属区域	延展长度/cm	空间位置
主浆脉 1	劈裂区域 1	110	注浆管上侧大致平行
主浆脉 2	劈裂区域 2	48	注浆管上侧斜交
主浆脉 3	劈裂区域 3	46	注浆管上侧大致垂直
主浆脉 4	劈裂区域 4	51	注浆管左侧大致垂直
主浆脉 5	劈裂区域 5	39	注浆管下侧大致平行
主浆脉 6	劈裂区域 6	53	注浆管右下侧斜交
主浆脉 7	劈裂区域 7	56	注浆管左下侧斜交

2）规律总结及成因分析

结合 1.2.1 节的分析可知，浆液扩散在某区域达到饱和状态后会寻求后续次扩散区域，且其走向、尺寸与前序次扩散区域不同，浆液的多区域扩散最终使得浆脉在宏观上形成空间分区域分布规律。开挖揭露的 7 条主浆脉周边形成 7 个浆脉分布区域与 1.2.1 节 3 中划定的 7 个次主劈裂压力值一致，在一定程度上验证了压力值界定的正确性。

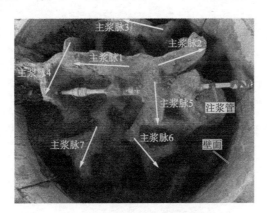

图 1-12　各劈裂区域主浆脉分布

1.3 | 试验结论

1）设计了一套大比例劈裂注浆模型试验装置，开展劈裂注浆室内模拟试验，通过布设监测元件采集劈裂过程关键参数变化特征。

2）试验条件下土体启劈压力P_0为 120kPa，土体劈裂压力总体呈现类似脉冲状的变化规律，结合浆液劈裂路径分析了劈裂压力变化机制，提出了主、次生劈裂压力值界定方法。

3）结合P-t曲线，从能量耗散角度将劈裂过程划分为土体劈裂能量积聚、劈裂和浆液能量转移 3 个阶段，并通过开挖揭露提出了浆脉的空间分区域分布规律和主、次生浆脉共存规律。

在永莲隧道帷幕注浆工程进行现场试验，进一步验证了试验结论的正确性，研究结论对完善劈裂注浆理论，指导注浆工程钻孔设计、压力控制和效果评价等方面有积极作用。

参考文献

[1] 邹金峰, 徐望国, 罗强, 等. 饱和土中劈裂灌浆压力研究[J]. 岩土力学, 2008, 29(7): 1082-1086.

[2] 王玉平, 朱宝龙, 陈强. 饱和黏性土劈裂注浆加固室内试验[J]. 西南科技大学学报, 2010, 25(3): 72-75.

[3] 程盼, 邹金锋, 李亮, 等. 冲积层中劈裂注浆现场模型试验[J]. 地球科学—中国地质大学学报, 2013, 38(3): 649-654.

[4] 邹金锋, 李亮, 杨小礼, 等. 劈裂注浆能耗分析[J]. 中国铁道科学, 2006, 27(2): 52-55.

第 2 章

隧道工程注浆加固模拟试验

2.1 | 试验设计

2.1.1 依托工程概况

工程概况详见 1.1.1 节。

2.1.2 试验仪器

断层泥注浆加固试验系统由注浆工艺模块、被注介质模块和信息采集模块构成，如图 2-1 所示。

图 2-1 试验系统

注浆工艺模块使用定制版手动注浆泵，可实现"小流量、高压力"注浆；被注介质模块由主体腔体和密封装置构成，如图 2-2 所示，主体腔体由高强度钢制成，壁厚 25mm，内径 184mm，高 400mm，有效填充高度为 380mm，密闭装置由密封顶板、底板及高强度螺杆构成；信息采集模块包括图像采集和数据采集两部分。

图 2-2 被注介质模块

2.2 | 试验与结果分析

2.2.1 注浆加固体单轴压缩试验

1. 正交试验方案

研究表明，注浆压力、注浆材料和被注介质条件[1-3]是影响注浆加固效果的关键因素，在正交试验设计中应重点考虑。

1）被注介质条件

永莲隧道突泥涌出物以断层泥为主，试验中被注介质选用隧道原状土，基本性质如表 2-1 所示，试验选取 3 个介质干密度水平分别为 1.45g/cm³（致密型）、1.21g/cm³（中密型）和 1.07g/cm³（松散型）。

原状土基本性质   表 2-1

最优含水率/%	最大干密度/（g/cm³）	液限/%	塑限/%	塑性指数
23.1	1.7	48.3	25.6	22.7

2）注浆材料

注浆材料选择工程实践常用的水泥-水玻璃双液浆和水泥单液浆材料[4-6]，水泥采用 P.O32.5 普通硅酸盐水泥，主要性能指标如表 2-2 所示；水玻璃模数为 3.2，浓度 31°Bé。试验选取的 3 个注浆材料水平分别为水泥-水玻璃双液浆（$W/C = 1$、$C:S = 1:1$）、水泥-水玻璃双液浆（$W/C = 0.8$、$C:S = 1:1$）和水泥单液浆（$W/C = 1$）。

水泥浆主要性能指标   表 2-2

水灰比W/C	黏度μ/（×10⁻³Pa·s）	密度ρ/（g/cm³）	结石率/%
0.8:1	33	1.62	97
1:1	18	1.49	85

3）注浆压力

根据工程经验和注浆设备性能，试验选取的 3 个注浆压力水平为 2.5MPa、2MPa 和 1.5MPa。

4）试验安排

注浆加固体单轴压缩试验为 3 因素 × 3 水平正交试验，不考虑 3 因素之间的交互作用，选用正交表 L9（3⁴），试验安排如表 2-3 所示。

正交试验安排　　　　　　　　　　　　表 2-3

试验编号	因素		
	介质干密度ρ_d/（g/cm³）	注浆材料W/S（单、双）	注浆压力p/MPa
I-1	1（1.45）	1（0.8∶1，双）	1（2.5）
I-2	1（1.45）	2（1∶1，双）	3（1.5）
I-3	1（1.45）	3（1∶1，单）	2（2）
I-4	2（1.21）	2（1∶1，双）	2（2）
I-5	2（1.21）	3（1∶1，单）	1（2.5）
I-6	2（1.21）	1（0.8∶1，双）	3（1.5）
I-7	3（1.07）	3（1∶1，单）	3（1.5）
I-8	3（1.07）	1（0.8∶1，双）	2（2）
I-9	3（1.07）	2（1∶1，双）	1（2.5）

2. 试验结果

根据试验安排开展断层泥注浆加固试验，注浆加固体在室温条件下养护 7d，使用朝阳 GAW-1000 万能试验机进行单轴压缩试验[7-8]。注浆加固前后断层泥试样单轴抗压强度如表 2-4 所示，可以得出以下结论。

（1）致密型断层泥加固后平均抗压强度为 0.48MPa，相比加固前提升 181%；中密型断层泥加固后平均抗压强度为 0.55MPa，相比加固前提升 689%；松散型断层泥加固后平均抗压强度为 0.79MPa，相比加固前提升 2535%。

（2）加固前断层泥越松散，注浆后强度提升幅度越大。一方面这是因为松散型断层泥孔隙率较大，利于浆液渗透入内；另一方面，浆液劈裂[9-10]介质难度较低，利于形成大尺寸劈裂浆脉，通过浆脉骨架作用和挤密介质作用联合加固断层泥，强度提升显著。

（3）编号为I-5、I-8 和I-9注浆加固体单轴抗压强度在 1MPa 左右，相对较高。这是因为此 3 组试验对应较高的注浆压力，利于浆液渗入、劈裂和挤密断层泥，显著提升抗压性能。

单轴压缩试验结果 | | | 表 2-4

注浆加固前试样参数	加固前平均单轴抗压强度 σ_c/MPa	注浆加固体编号	加固后平均单轴抗压强度 σ_c/MPa
$\rho_d = 1.45\text{g/cm}^3$ $w = 22\%$	0.17	I-1	0.46
		I-2	0.37
		I-3	0.61
$\rho_d = 1.21\text{g/cm}^3$ $w = 21.8\%$	0.07	I-4	0.27
		I-5	1.15
		I-6	0.27
$\rho_d = 1.07\text{g/cm}^3$ $w = 21.5\%$	0.03	I-7	0.32
		I-8	0.96
		I-9	1.09

3. 加固模式和加固体破坏特征

1）应力-应变曲线

以编号为I-1、I-2、I-4和I-7注浆加固体为例，应力-应变曲线如图 2-3 所示，呈现非均质岩体破坏特征，表现为显著的多峰特征，峰值应力差别不大，但对应的应变相差较大。

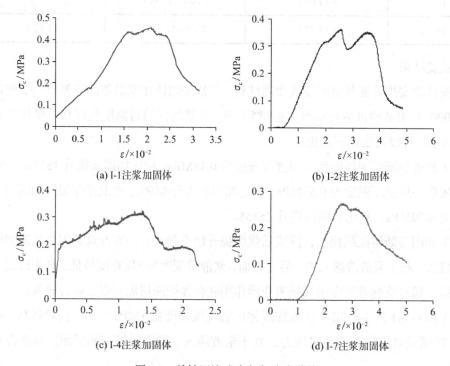

图 2-3 单轴压缩试验应力-应变曲线

2）加固体破坏特征

以编号为I-2 注浆加固体为例，结合应力-应变曲线分析其破坏特征如下：当应变达到 2.4%时，应力升高至第一个峰值 0.37MPa，浆脉内出现纵向裂缝，如图 2-4（a）所示；随后应力下降至 0.28MPa，对应的应变为 2.8%，裂缝贯穿浆脉，如图 2-4（b）所示；随后应力又升高至第二个峰值 0.35MPa，对应的应变为 3.6%，浆-岩胶结面附近土体（距胶结面 0.5～2mm）出现纵向裂缝，如图 2-4（c）所示；最后应力逐渐下降，注浆加固体破坏，如图 2-4（d）所示。

(a)浆脉裂缝产生　　(b)浆脉裂缝贯穿　　(c)界面附近土　　(d)加固体破坏
　　　　　　　　　　　　　　　　　　　 体裂缝产生

图 2-4　I-2 注浆加固体破坏过程

3）断层泥骨架式加固模式

参照加固体应力-应变曲线和压缩破坏特征，浆液主要通过劈裂介质形成浆脉后产生的骨架作用加固断层泥，定义这种以劈裂、挤密为主，渗透为辅的加固模式为断层泥骨架式加固模式，如图 2-5 所示。

图 2-5　骨架式加固模式

4.断层泥注浆加固主控因素分析

1）极差分析结果

采用极差分析方法分析断层泥注浆加固体单轴抗压强度主控影响因素，计算结果如表 2-5 所示。

$D_3 = 0.289 > D_1 = 0.238 > D_2 = 0.144$，即注浆压力对注浆加固体单轴抗压强度的影响最大，是主控因素，其次为被注介质条件，注浆材料影响最小。

极差分析结果   表 2-5

项目	介质干密度	注浆材料	注浆压力
I_j	1.435	1.6535	2.7
II_j	1.657	1.724	1.8345
III_j	2.3715	2.086	0.929
k_j	3.000	3.000	3.000
I_j/k_j	0.478	0.551	0.900
II_j/k_j	0.552	0.575	0.612
III_j/k_j	0.791	0.695	0.310
极差D_j	0.238	0.144	0.289

2）原因分析

本试验条件下，介质孔隙率较低，注浆对断层泥的加固作用以劈裂和挤密作用为主，渗透作用为辅。注浆压力是浆液发生劈裂和挤密行为的动力因素，决定了介质中生成劈裂浆脉的数目和尺寸。结合压缩曲线和加固体破坏特征可知，浆脉的初始骨架作用是决定加固体抗压强度的控制性因素，大尺寸和多数量的浆脉将会大幅提升加固体抗压强度，因而注浆压力是影响加固体单轴抗压强度的主控因素。

介质致密程度是浆液发生劈裂、挤密行为的阻力因素，介质越致密，浆液劈裂难度越大，浆脉的尺寸和数量会受到影响，从而影响加固体抗压强度。

考虑到取样完整性，加固体养护时间较短（7d），单液浆固结体相对于双液浆固结体的强度优势未能充分发挥，因而对抗压强度影响最小。

2.2.2 浆-岩界面直剪试验

单轴压缩试验表明，浆-岩界面控制注浆加固体的力学特征，其破坏过程具有显著的结构效应，基于此开展直剪试验研究浆-岩界面强度特征。

1. 试验方案

浆-岩界面直剪试验[11]选取因素与单轴压缩试验一致，共设计 8 组典型试验，取样方法和试验安排如下。

1）取样方法

为获取规则的浆-岩界面试样，注浆前断层泥试块中预置竖向结构面（宽 1～2mm），人为诱导浆液劈裂方向，形成竖向劈裂浆脉（宽 10～25mm），使用环刀（规格 ϕ61.8×20mm）在浆脉-介质界面处取样，如图 2-6 所示。

受限于介质的不均一性，竖向劈裂浆脉-介质界面不可能完全平整，取样时尽量使界面处于中心高度位置，并在直剪试验中通过调整垫片高度进行精确定位，最大限度保证剪切位置发生在浆-岩界面。

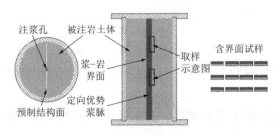

图 2-6 浆-岩界面试样制作示意图

2）试验安排

8 组典型浆-岩界面直剪试验安排如表 2-6 所示。

浆-岩界面特征试验安排表 表 2-6

试验编号	因素		
	介质干密度ρ_d/（g/cm³）	注浆材料W/S（单、双）	注浆压力p/MPa
III-1	1.07	1:1，双	2
III-2	1.21	1:1，双	2
III-3	1.21	1:1，单	2.5
III-4	1.21	1:1，单	1.5
III-5	1.21	1:1，单	2
III-6	1.21	1:1，单	2.5
III-7	1.07	1:1，双	1.5
III-8	1.07	1:1，双	2.5

2. 界面强度评价指标

采用黏聚力c、内摩擦角φ、弹性剪切模量G、初始屈服应力τ_s、峰值剪切强度τ_m、残余剪切应力τ_r和剪切刚度K_e表征浆-岩面剪切强度特性。

1）G为剪切弹性阶段剪应力与剪应变比值。

$$G = \frac{\tau}{\gamma} = \frac{D\tau}{s} \tag{2-1}$$

式中：τ为剪应力；γ为剪应变；D为试样直径；s为剪切位移。

2）τ_s为试样在剪切过程中由弹性阶段转变为塑性阶段时的剪应力。

3）τ_m为随剪切变形出现的最大应力值，应变软化型曲线取破坏时的峰值应力，应变硬化型曲线取应力基本不变时的应力。

4）τ_r为试样剪切峰后残余稳定阶段剪应力值，应变软化型曲线取剪切峰后剪应力基本不变的点的剪应力，应变硬化曲线残余剪切强度与峰值剪切强度相等。

5）K_e为剪切面传递的最大剪力与其所对应的接触面滑动位移比值，表征界面的变形特性。

$$K_e = \frac{F_m}{s_a} \tag{2-2}$$

式中：F_m 为通过剪切面传递的最大剪力；s_a 为最大剪力对应的接触面滑动位移。

3. 试验结果

根据试验安排表制作浆-岩界面试样，在室温条件下养护 7d，使用 ZJ-4 型应变控制直剪仪开展界面直剪试验。

1）加固前试样

干密度为 1.07g/cm³ 试样和 1.21g/cm³ 试样加固前黏聚力分别为 31.05kPa、46.88kPa，内摩擦角分别为 19.6°、33.7°。

2）加固后试样

加固后浆-岩界面剪切强度参数如表 2-7 所示。

浆-岩界面剪切强度参数汇总表　　　　　表 2-7

试样类型	竖向压力 σ_n/kPa	弹性剪切模量 G/MPa	初始屈服应力 τ_s/kPa	峰值强度 τ_m/kPa	残余剪切应力 τ_r/kPa	剪切刚度 K_e/（kN/mm）	黏聚力 c/kPa	内摩擦角 φ/°
III-1，双液，$p=2$MPa，$\rho_d=1.07$g/cm³	100	2.45	75.80	159.95	159.95	0.06	96.41，提升 210%	35.15，提升 79%
	200	4.09	111.61	215.45	215.45	0.08		
	300	5.15	117.83	283.65	283.65	0.11		
	400	5.23	217.00	342.55	336.35	0.12		
III-2，双液，$p=2$MPa，$\rho_d=1.21$g/cm³	100	1.77	103.17	129.95	63.49	0.08	90.52，提升 93%	25.37，降低 25%
	200	2.73	154.75	176.58	60.50	0.11		
	300	3.71	166.16	241.42	192.25	0.14		
	400	4.27	181.04	285.44	214.00	0.14		
III-3，双液，$p=2.5$MPa，$\rho_d=1.21$g/cm³	100	3.11	127.87	156.86	109.00	0.11	105.8，提升 126%	30.48，降低 10%
	200	4.34	179.81	218.55	175.00	0.13		
	300	5.69	177.32	243.82	220.00	0.17		
	400	7.21	206.31	321.39	313.50	0.19		
III-4，单液，$p=1.5$MPa，$\rho_d=1.21$g/cm³	100	3.93	159.65	193.75	117.80	0.16	139.8，提升 198%	31.57，降低 6%
	200	4.45	209.25	254.20	182.50	0.17		
	300	5.26	244.93	308.45	269.70	0.21		
	400	5.89	267.85	358.05	325.50	0.21		
III-5，单液，$p=2$MPa，$\rho_d=1.21$g/cm³	100	4.37	189.17	215.45	125.55	0.17	149.2，提升 218%	35.15，提升 4%
	200	5.11	275.94	316.20	269.70	0.20		
	300	5.17	348.75	407.65	374.79	0.21		
	400	5.94	319.02	448.66	425.47	0.19		

续表

试样类型	竖向压力 σ_n/kPa	弹性剪切模量 G/MPa	初始屈服应力 τ_s/kPa	峰值强度 τ_m/kPa	残余剪切应力 τ_r/kPa	剪切刚度 K_e/（kN/mm）	黏聚力 c/kPa	内摩擦角 φ/°
Ⅲ-6，单液，$p=2.5$MPa，$\rho_d=1.21$g/cm³	100	4.43	234.05	251.00	201.50	0.15	175.5，提升274%	43.07，提升30%
	200	5.42	306.95	338.00	239.90	0.20		
	300	5.96	364.25	427.00	320.00	0.25		
	400	7.37	421.14	489.00	436.00	0.30		
Ⅲ-7，双液，$p=1.5$MPa，$\rho_d=1.07$g/cm³	100	2.93	127.87	156.86	109.00	0.09	106.4，提升243%	30.4，提升55%
	200	3.83	179.80	218.55	175.00	0.12		
	300	4.73	177.32	243.81	220.00	0.12		
	400	5.21	206.31	321.39	313.50	0.20		
Ⅲ-8，双液，$p=2.5$MPa，$\rho_d=1.07$g/cm³	100	4.11	131.75	150.35	99.20	0.15	116.1，提升273%	26.9，提升51%
	200	4.61	142.60	190.65	164.30	0.11		
	300	5.15	172.60	258.08	241.80	0.15		
	400	5.37	226.30	279.00	255.80	0.15		

4. 各因素对浆-岩界面强度影响特征

1）初始干密度

（1）$p=2$MPa、$C:S=1:1$双液

$\rho_d=1.07$g/cm³（Ⅲ-1）及$\rho_d=1.21$g/cm³（Ⅲ-2）试样浆-岩界面直剪试验特征曲线如图 2-7 所示。

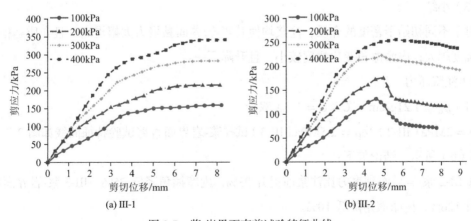

(a) Ⅲ-1　　　　　　　(b) Ⅲ-2

图 2-7　浆-岩界面直剪试验特征曲线

结论如下：

①Ⅲ-1 剪切曲线呈现应变硬化特征，剪切位移在 3.5mm 内时，曲线近似呈直线，Ⅲ-2 剪切曲线呈现应变软化特征，剪切位移在 4.5mm 内时，曲线近似直线。

②Ⅲ-1 浆-岩界面黏聚力为 96.41kPa，比注浆前提升 210%，内摩擦角为 35.15°，提升 79%，Ⅲ-2 黏聚力为 90.52kPa，比注浆前提升 93%，内摩擦角为 25.37°，降低 25%。

（2）$p = 2.5$MPa、$C:S = 1:1$ 双液

$\rho_d = 1.07$g/cm^3（Ⅲ-8）及 $\rho_d = 1.21$g/cm^3（Ⅲ-3）试样浆-岩界面直剪试验特征曲线如图 2-8 所示。

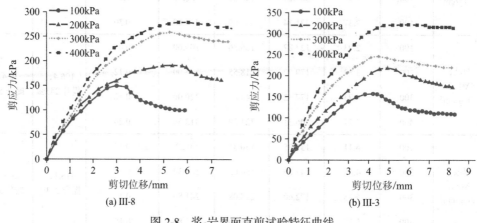

图 2-8　浆-岩界面直剪试验特征曲线

结论如下：

①Ⅲ-3 和Ⅲ-8 剪切曲线呈现应变软化特征，剪切位移分别在 2.8mm 和 4.5mm 以内时，曲线近似直线。

②Ⅲ-3 浆-岩界面黏聚力为 105.8kPa，比注浆前提升 126%，内摩擦角为 30.48°，降低 10%，Ⅲ-8 黏聚力为 116.1kPa，比注浆前提升 273%，内摩擦角为 26.9°，提升 51%。

（3）小结

对于不同初始干密度的介质，注浆均使其浆-岩界面黏聚力大幅提高，且介质越松散，提升幅度越大；内摩擦角变化幅度较小，且升降不一。

2）注浆压力

（1）$\rho_d = 1.21$g/cm^3、$C:S = 1:1$ 双液

$p = 2$MPa（Ⅲ-2）及 $p = 2.5$MPa（Ⅲ-3）试样浆-岩界面直剪试验特征曲线如图 2-7（b）、图 2-8（b）所示，结论如下：

①Ⅲ-2 浆-岩界面黏聚力比注浆前提升 93%，内摩擦角降低 25%，Ⅲ-3 浆-岩界面黏聚力提升 126%，内摩擦角降低 10%。

②注浆压力由 2MPa 增大至 2.5MPa，黏聚力提升幅度增加 33%。

（2）$\rho_d = 1.21$g/cm^3、$W/C = 1$ 单液

$p = 1.5$MPa（Ⅲ-4）、$p = 2$MPa（Ⅲ-5）、$p = 2.5$MPa（Ⅲ-6）浆-岩界面直剪试验特征曲线如图 2-9 所示。

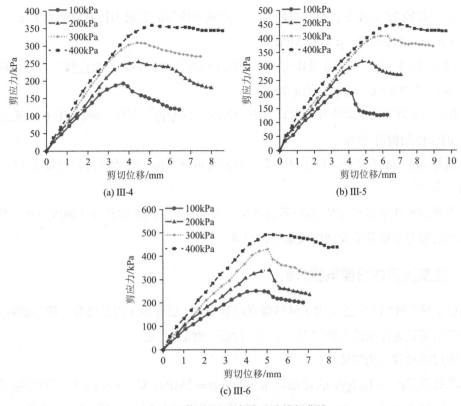

图 2-9 浆-岩界面直剪试验特征曲线

结论如下：

①III-4、III-5 和III-6 剪切曲线均呈现应变软化特征，剪切位移在 4～7mm 时，曲线近似直线。

②III-4 浆-岩界面黏聚力为 139.8kPa，比注浆前提高 198%，内摩擦角为 31.57°，降低 6%，III-5 黏聚力为 149.2kPa，比注浆前提高 218%，内摩擦角为 35.15°，提升 4%，III-6 黏聚力为 175.5kPa，比注浆前提升 274%，内摩擦角为 43.07°，提升 30%。

③注浆压力由 1.5MPa 增大至 2.5MPa，黏聚力提升幅度增大 76%。

（3）小结

在不同注浆压力条件下，注浆均使其浆-岩界面黏聚力大幅提高；内摩擦角变化幅度较小，且升降不一；增大注浆压力对于提升界面强度效果显著。

3）注浆材料

（1）$\rho_d = 1.21\text{g/cm}^3$、$p = 2\text{MPa}$

$C : S = 1 : 1$ 双液（III-2）及$W/C = 1$ 单液（III-5）试样浆-岩界面直剪试验特征曲线如图 2-7（b）、图 2-9（b）所示，结论如下：

①III-2 浆-岩界面黏聚力比注浆前提升 93%，内摩擦角降低 25%，III-5 黏聚力提升 218%，内摩擦角提升 4%。

②试样养护 7d 条件下，相比双液浆，单液浆可使界面黏聚力提升幅度增大 125%。

（2）$\rho_d = 1.21\text{g/cm}^3$、$p = 2.5\text{MPa}$

$C : S = 1 : 1$ 双液（Ⅲ-3）及 $W/C = 1$ 单液（Ⅲ-6）试样浆-岩界面直剪试验特征曲线如图 2-8（b）、图 2-9（c）所示，结论如下：

①Ⅲ-3 浆-岩界面黏聚力比注浆前提升 126%，内摩擦角降低 10%，Ⅲ-6 黏聚力提升 274%，内摩擦角提升 30%。

②试样养护 7d 条件下，相比双液浆，单液浆可使界面黏聚力提升幅度增大 148%。

（3）小结

单液和双液注浆材料均使浆-岩界面黏聚力大幅提高；内摩擦角变化幅度较小，且升降不一；单液浆对于提升界面强度效果更加显著。

2.2.3 注浆加固体扫描电镜分析

扫描电镜（SEM）广泛应用于材料微观形貌观察、成分测定以及微观结构参数提取中。使用扫描电镜研究注浆前后断层泥、浆-岩界面微观结构特征。

1. 断层泥微观结构特征

选取典型的 $\rho_d = 1.21\text{g/cm}^3$ 断层泥试样及在 $p = 2\text{MPa}$、$C : S = 1 : 1$ 双液注浆条件下试样，分别制作边长 1cm 的立方体样品，电子显微镜放大 1000 倍后如图 2-10 所示。

(a) 加固前-絮状结构　　　　　　　　　　(b) 加固后-密实整体结构

图 2-10　断层泥加固前后 SEM 照片

加固前，断层泥断面形状为松散的絮状结构，颗粒（＜10μm）之间联结不紧密；加固后，通过大尺寸浆脉挤密断层泥和浆液渗透进入孔隙的联合作用，分散的介质颗粒黏聚成整体，孔隙率大幅降低，密实度显著提高。

2. 浆-岩界面微观结构特征

选取典型 $\rho_d = 1.21\text{g/cm}^3$、$p = 2.5\text{MPa}$、$C : S = 1 : 1$ 双液注浆条件下试样，制作边长 1cm 的浆-岩界面立方体样品，经扫描电镜放大后如图 2-11 所示，黑色区域为浆脉，明亮区域为断层泥。

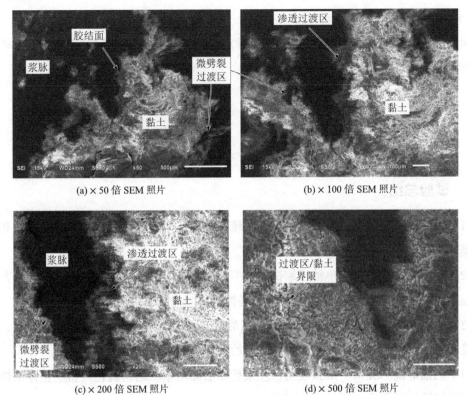

(a) × 50 倍 SEM 照片　　　　　　　　(b) × 100 倍 SEM 照片

(c) × 200 倍 SEM 照片　　　　　　　　(d) × 500 倍 SEM 照片

图 2-11　浆-岩界面 SEM 照片

结论如下：

1）界面不规则，微型浆脉网络发育，包络黏土结构，微浆脉嵌入黏土内部发挥锚固作用，增大了界面粗糙度，提升了界面强度。

2）浆-岩界面是具有一定厚度的结构体，即浆脉与黏土之间存在过渡区，划分为以下 2 种类型：

（1）渗透过渡区，表现为浆脉密实度降低的暗色区域，浆液通过渗透进入孔隙发挥加固作用，宽度为 40～100μm。

（2）微劈裂过渡区，浆液通过在薄弱环节发生劈裂形成微型浆脉发挥加固作用，浆脉尺寸变化较大，宽度一般小于 100μm。

3）过渡区和黏土之间存在明显的界限，表现为微裂隙，推测为物理力学特征突变区，是潜在薄弱环节，这与 2.2.1 节单轴压缩试验中纵向裂缝出现在距浆-岩胶结面 0.5～2mm 处相互印证。

3. 浆-岩界面加固模式

1）直接加固模式

参照 SEM 分析结果，直接加固模式即浆脉增强了浆-岩界面的摩擦、嵌入和咬合作用，使得界面强度大幅提升。

2）间接加固模式

间接加固模式即浆液的渗透、微劈裂和挤密作用使得界面处微浆脉网格发育、表面曲折且具有一定厚度，强度大幅提升。

2.3 | 试验结论

2.3.1 试验总结

（1）设计了一套断层泥注浆加固试验系统，包括注浆工艺模块、被注介质模块和信息采集模块。

（2）断层泥注浆加固体单轴压缩试验表明，基于骨架式加固模式，注浆后断层泥单轴抗压强度可提升 181%～2535%，注浆压力是提升加固效果的主控因素。

（3）典型浆-岩界面直剪试验表明，注浆后浆-岩界面黏聚力可提升 93%～274%，相比双液浆，单液浆可使界面黏聚力提升幅度增加 125%～148%，加固效果更好。

（4）扫描电镜（SEM）试验表明，注浆后断层泥由絮状结构转化为密实整体结构，基于直接和间接加固模式，浆-岩界面成为具有一定厚度的结构体，由胶结面、渗透过渡区及微劈裂过渡区构成，界面附近存在物理力学特征突变区，是潜在薄弱环节。

基于以上研究结论，针对断层泥注浆治理设计和施工提出了 3 点完善建议，为相关工程提供借鉴。

2.3.2 施工建议

基于断层泥注浆加固机理研究结论，提出了以下几点针对断层泥注浆治理设计和施工的建议，为相关工程提供借鉴。

（1）根据单轴压缩试验结果，注浆对于断层泥的加固以骨架式加固模式为主，即通过在断层泥中形成规模大、数量多浆脉起到支撑作用，实现加固；注浆压力是提升加固效果的主控因素。因此在注浆设计中，可考虑设计交叉注浆孔，形成空间浆脉网络，通过浆脉的骨架作用实现断层泥强度的全方向提升；在注浆施工中，一方面，在充分考虑地层承载力和设备性能的基础上，可适当提高注浆压力，增强浆液劈裂动力，另一方面，可通过适当降低浆液黏度提升浆液流动性，并通过加快注浆速率进一步提升浆液劈裂能力，利于规模大、数量多的浆脉形成。

（2）根据浆-岩界面直剪试验结果，增大注浆压力对于提升界面强度效果显著；相比双液浆，注浆中使用水泥单液浆对浆-岩面加固效果更好。因此在注浆施工中，前期双液浆注入时间和注入量应尽量减小，在有效控制浆液扩散范围的基础上，尽早切换注入水泥单液浆，利于保证注浆加固效果。

（3）根据浆-岩界面微观扫描电镜试验结果，结合单轴压缩试验中加固体破坏特征，认为浆-岩界面附近一定距离内存在物理力学特征突变区，是潜在薄弱环节。因此在注浆设计中，应缩小注浆孔距，适当增大注浆孔密度，通过浆脉及其影响区的交叉重叠，补强薄弱环节，防止地质灾害的二次发生。

参考文献

[1]　王乾, 曲立清, 郭洪雨, 等. 青岛胶州湾海底隧道围岩注浆加固技术[J]. 岩石力学与工程学报, 2011, 30(4): 790-802.

[2]　李术才, 韩伟伟, 张庆松, 等. 地下工程动水注浆速凝浆液黏度时变特性研究[J]. 岩石力学与工程学报, 2013, 32(1): 1-7.

[3]　邹金峰, 徐望国, 罗强, 等. 饱和土中劈裂灌浆压力研究[J]. 岩土力学, 2008, 29(7): 1082-1086.

[4]　刘人太, 李术才, 张庆松, 等. 一种新型动水注浆材料的试验与应用研究[J]. 岩石力学与工程学报, 2011, 30(7): 1454-1459.

[5]　王迎超. 山岭隧道塌方机理及防灾方法[D]. 杭州: 浙江大学, 2010.

[6]　邝健政, 昝月稳, 王杰. 岩土注浆理论与工程实例[M]. 北京: 科学出版社, 2001.

[7]　丁建文, 刘铁平, 曹玉鹏, 等. 高含水率疏浚淤泥固化土的抗压试验与强度预测[J]. 岩土工程学报, 2013, 35(zk2): 55-60.

[8]　彭丽云, 刘建坤, 田亚护, 等. 正融土无侧限抗压试验研究[J]. 岩土工程学报, 2008, 30(9): 1338-1342.

[9]　邹金锋, 李亮, 杨小礼, 等. 土体劈裂灌浆力学机理分析[J]. 岩土力学, 2006, 27(4): 625-628.

[10]　王起才, 张戎令. 劈裂注浆浆液走势与不同压力下土体位移试验研究[J]. 铁道学报, 2011, 33(12): 107-111.

[11]　周喻, 吴顺川, 张晓平. 岩石节理直剪试验颗粒流宏细观分析[J]. 岩石力学与工程学报, 2012, 31(6): 1245-1256.

第 3 章

隧道工程多序注浆扩散试验[1-8]

3.1 | 试验设计

3.1.1 依托工程概况

工程概况详见 1.1.1 节。

3.1.2 试验原理

帷幕注浆的实施面临诸多挑战，突水突泥灾害的发生使得原本孱弱的地层进一步遭受强烈扰动，应力和渗流条件发生变化，围岩稳定性进一步降低，断层介质泥化现象严重。受此影响，帷幕注浆关键参数（如注浆压力、浆液扩散距离、被注介质强度及抗渗性能提升幅度）的选定无章可循，成为制约永莲隧道 F_2 断层及其影响区域注浆处治的关键性难题。

为解决以上问题，开展隧道断层突水突泥灾后帷幕注浆治理试验，采用相似试验方法。相似试验方法即根据相似原理对特定工程问题进行缩尺研究[4-5]，可以揭示模型与原型之间的相似性质与规律，广泛应用于建筑物、高边坡、隧道和地下洞室等结构在外荷载作用下的变形、破坏规律以及灾害演化机制研究。

相似原理指的是试验模型的几何尺寸、荷载、边界条件、相似材料的重度、强度、变形以及水理特性与原型满足相似规律，在此基础上，试验模型中出现的现象与原型相似。

为深入研究江西省吉莲高速永莲隧道 F_2 断层突水突泥及地表塌陷灾变机理，并分析灾后后续注浆对于扰动地层的加固机理，为注浆工程设计和实施提供直接、有效的数据参考，研制了突水突泥灾后帷幕注浆治理相似试验系统，包括供水模块、地应力加载模块、灾害发生及处治模块、注浆模块和响应参数采集模块，部分模块如图 3-1 所示。

图 3-1　试验系统整体图

3.1.3　试验仪器

1. 试验系统——供水模块

供水模块主要包括供水容器、储水水箱以及配套输、送水管路。根据相似原理，试验供水容器高度为 2500mm，通过不间断的水源补给为试验持续提供具有稳定水头和流速的动水环境；储水水箱设置在灾害发生及处治模块内部，距装置底部高度为 1500mm，水箱厚度为 100mm，通过管路与供水容器相接，试验中作为第二级临时蓄水场所，水箱底部均匀开设过水孔，可保证水流均匀入渗相似材料。

2. 试验系统——地应力加载模块、灾害发生及处治模块

地应力加载模块主要包括液压油缸和反力桁架，如图 3-2 所示，根据相似原理，试验模型需具备与原型相似的荷载条件，根据实际隧道参数和相似比例，油缸施加荷载 0.03MPa。

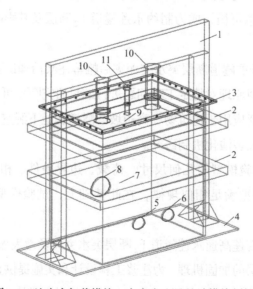

图 3-2　地应力加载模块、灾害发生及处治模块剖解图

1—顶部反力桁架；2—肋部反力桁架；3—固定螺栓；4—承力底板；5—模拟隧道进口左洞；6—模拟隧道进口右洞；
7—相似材料填充部位；8—注浆操作平台；9—储水水箱；10—液压油缸；11—进水管路

灾害发生及处治模块可模拟隧道地层条件、突水突泥灾变及灾后处治，通过填充相似材料、水流入渗、地应力加载、注浆管路预埋、帷幕注浆等多个环节共同实现，如图 3-2 所示。根据实际隧道参数及相似比，模拟隧道进口左洞及右洞洞径为 150mm，左、右洞中心点间距为 460mm；由于模拟隧道左、右洞洞径较小，灾后注浆治理空间严重不足，因此在隧道出口方向开设注浆操作平台。

3. 试验系统——注浆模块

注浆模块主要包括活塞式手动注浆泵、特制注浆小管、浆液输送管路、着色染料以及浆液储存、搅拌容器等。其中，活塞式手动注浆泵由山东交通学院机械厂定制生产，可通过调节压动频率控制浆液流量，具备可起高压、浆液流量可控、操作简单、冲洗方便等优点。

鉴于试验模型几何尺寸，针对性制作了注浆小管，直径为 8mm，可与试验模型相对较小的浆液注入流量相匹配，也规避了大尺寸注浆管对地层扰动过大的问题。如图 3-3 所示，注浆小管与通用管路（ϕ20mm）通过精细化焊接工艺衔接，成功地解决了管路变径和高压密封难题，此外，小管管壁开设一定数量的小孔，以模拟实际注浆工程采用的花孔式注浆工艺。

图 3-3　特制注浆小管结构示意图

1—阀门连接部位；2—通用管路；3—管路变径精细化焊接；4—注浆小管；5—注浆小孔

在实际注浆工程中，前序次孔注浆改变了地层原有的应力、渗流等条件，将会影响到后序次孔注入浆液的扩散路径和距离等关键指标，研究前序次注浆对后序次注浆的影响机制对于多孔注浆设计中的参数选定具有重要意义。因此，试验中通过染料对各孔注入浆液进行着色，以区分其扩散路径和距离，分析多孔注浆的渐进式影响机制。

4. 试验系统——响应参数采集模块

无论是实际注浆工程还是模拟注浆试验，由于被注介质不透明，无法直观观察浆液的扩散方向和路径等动态特征，只能通过注浆后开挖揭露浆液固结浆液凝结体的静态分布特征反映浆液的结果性扩散特征。为揭示注入浆液在被注介质中的动态过程性扩散特征，需对注浆关键参数（注浆压力和浆液注入速率）及多物理场信息（土压力、渗透压力、有效应力和位移场）进行实时监测，直观反映被注介质在全空间范围内由于浆液的注入而产生的动态力学行为特征。

因此，响应参数采集模块包括抗震压力表（图 3-4a）、电子秤、计时器、土压力传感器（图 3-4b）、渗透压力传感器（图 3-4c）、温度传感器、位移传感器和对应数据采集装置，可实现对注浆关键参数和多物理场动态响应特征的实时采集。

(a) 抗震压力表 (b) 土压力传感器 (c) 渗透压力传感器

图 3-4　部分监测元件

3.2 | 试验与结果分析

3.2.1　试验设计方案与关键实施环节

隧道断层突水突泥灾后帷幕注浆治理试验设计的主要内容包括相似材料配制及填充、注浆管路埋设及参数选定和监测传感器布置等。本次试验完全模拟再现了隧道实际工程断层突水突泥发生以及灾后注浆治理的全过程，实现了突水突泥发生、突泥体清淤、压水联通试验、开挖轮廓跟进衬砌、远端截浆注浆、隧洞周边加固注浆（动水环境）、中隔岩柱加固注浆（动水环境）等关键环节的模拟，并在注浆结束后进行加固体开挖工作，揭示浆液扩散路径及浆液凝结体赋存特征，通过对加固体取样测试判断被注断层介质在注浆后强度是否提升，如图 3-5 所示。

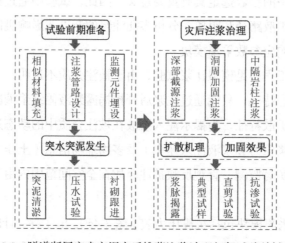

图 3-5　隧道断层突水突泥灾后帷幕注浆治理相似试验关键环节

1. 致灾地质相似材料配置及填充

1）相似材料成分及特性

满足相似原理的相似材料的配制是关乎地质力学模型试验能否取得成功的关键因素之一。本试验分别以单轴抗压强度、泊松比、重度、渗透系数和弹性模量等重要参量作为调试指标，选用了两种岩土相似材料分别模拟隧道普通围岩及断层围岩，前者主要成分为水、砂、重晶石粉、滑石粉、水泥和乳胶；后者主要成分为水、砂、滑石粉、膨润土、石膏和液态石蜡。普通围岩、断层围岩及其相似材料的主要物理力学参数如表 3-1 所示。

普通围岩、断层围岩及其相似材料主要物理力学参数　　　　表 3-1

介质	密度 $\rho/$（g/cm^3）	抗压强度 σ_c/MPa	弹性模量 E/GPa	渗透系数 $k/$（cm/s）
普通围岩	2.1～2.3	30～35	3.2～5.6	$9.03 \times 10^{-5} \sim 1.18 \times 10^{-4}$
断层围岩	1.9～2.1	15～20	—	$2.95 \times 10^{-4} \sim 3.30 \times 10^{-4}$
普通围岩相似材料	2.35	0.57	0.10	1.83×10^{-6}
断层围岩相似材料	1.98	0.32	—	6.73×10^{-6}

2）相似材料填充

使用搅拌机将两种相似材料的各组分充分混合后，采用分区逐层夯实模式填入灾害发生及处治模块，如图 3-6 所示。

(a) 相似材料拌合　　　　　　(b) 相似材料夯实　　　　　　(c) 相似材料整平

图 3-6　相似材料填充细节照片

2. 动水环境下远端截浆及浅部分区加固注浆管路设计

1）截源及分区注浆加固设计理念

（1）远端截浆注浆

在工程实际中，地层结构破碎导致自稳能力差，以及地下水持续冲刷导致活化作用是隧道断层突水突泥灾害发生的两个重要因素。因此，突水突泥灾后注浆处治多暴露在丰富的地下水环境中，浆液的扩散过程多会受到动水冲刷的影响，使得浆液扩散范围难以控制，且结石率大大降低，给地层加固带来不利影响，与静水或者无水环境下注浆存在显著的差别。在实际工程注浆时，多针对性设计深部水流截源注浆孔，即在深部切断地下水补给路径，减少水量向隧洞方向汇集，降低动水对于后续注入浆液的冲刷作用，为隧洞周边浅部注浆加固创造有利条件。

为此，试验针对性模拟了突水突泥灾后动水注浆过程，基于实际注浆的"远端截浆"理念，试验中设置了远端截浆注浆管（J-1），如图3-7所示，通过对其优先注浆，实现深部动水的有效阻截，为浅部不良地质加固创造有利条件。

（2）隧洞周边及中隔岩柱加固注浆

在隧洞周边一定范围内实施注浆加固，提高围岩承载能力，是决定后续隧道开挖能否顺利穿过的关键。在远端截浆注浆管有效阻断深部来水后，动水对于后续注入浆液的冲刷作用将会降低。在此基础上，借助L-1、R-1和M-1注浆管（图3-7）分别对隧道进口左洞、进口右洞以及双洞之间的中隔岩柱实施系统加固注浆。

2）注浆管路埋设方式

考虑到开挖掌子面在突水突泥后被淤泥填充，开挖进尺较长，以及洞口尺寸较小等因素，从进口方向只能实现浅部平角注浆，且难以对管口密封起高压注浆，加固效果难以达到预期，所以选择在出口方向借助预置的注浆操作平台开设注浆孔。

出口方向注浆操作平台竖向尺寸只有240mm，操作空间十分有限，结合隧道注浆实际工况设计了J-1、M-1、L-1和R-1共4个注浆管，分别实施补给水远端截浆、中隔岩柱加固、进口左洞加固和进口右洞加固，注浆管设计横剖面和纵剖面图如图3-7所示，4个注浆管尺寸、位置等关键参数如表3-2所示。

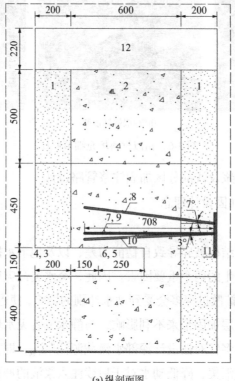

(a) 纵剖面图

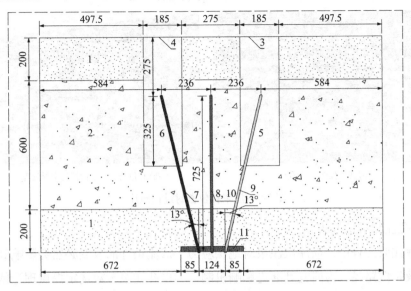

(b) 横剖面图

图 3-7　注浆管路设计剖面图

1—围岩相似材料；2—断层相似材料；3—进口左洞洞口；4—进口右洞洞口；5—进口左洞；6—进口右洞；7—R-1 注浆管；
8—J-1 注浆管；9—L-1 注浆管；10—M-1 注浆管；11—注浆操作平台；12—储水水箱

注浆管关键设计参数汇总表　　　　　　　　　　　　　　　　表 3-2

编号	至洞口距离/mm	至右壁距离/mm	至开挖轮廓线距离/mm	长度/mm	偏角/°	立角/°
J-1	275	820	215	712	0	7
M-1	275	820	46	708	0	3
L-1	275	1056	78	745	13	0
R-1	275	584	78	745	13	0

根据设计参数，注浆管由下而上按照 M-1、L-1、R-1 和 J-1 的顺序埋设，如图 3-8 所示，埋设过程应注意尽可能减少对已填充地层的扰动，并使用刻度尺和量角设备保证埋设位置的精确性。

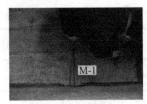

(a) M-1 注浆管埋设

(b) 注浆管位置确定

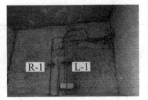

(c) L-1、R-1 注浆管埋设

图 3-8　注浆管埋设过程照片

注浆管路埋设完毕之后，对注浆操作平台之上孔位与注浆管衔接处采用环氧树脂和玻璃胶反复处理，如图 3-9 所示，确保较高压力注浆下该处的密封性能。

(a) 注浆操作平台-孔位　　　　　　　　　(b) 孔位与注浆管衔接处密封处理

图 3-9　注浆孔位密封过程照片

3）多孔注浆辨识方法

在实际注浆工程中，前序次注浆对地层应力、渗流条件的改变必然会影响到后序次注浆中的浆液扩散路径，为研究其渐进影响机制，为多孔注浆参数选定提供理论依据，本试验以对浆液着色作为多孔注入浆液辨识方法，可直观辨识开挖后揭露固结浆液凝结体的浆液来源。试验中，对 J-1、M-1、L-1 和 R-1 注浆管注入浆液分别着色为铁红色、绿色、黄色和蓝色，染料主要成分为氧化铁，经测试，染料对浆液性质无影响。

4）关键注浆参数及材料选定

注浆压力原则上控制在 1MPa 以内，在实际操作中以不破坏围岩稳定为标准，浆液注入速率控制在 2～10L/min（双液注浆时注浆泵每行程可输出浆液 0.25L），具体根据被注介质可注性调节，当注入难度较大（压力较高）时，可选择低速率缓慢注浆；反之当注浆过程不起压时，可注性较好，宜选择较高的注入速率。

在隧道断层注浆施工中，水泥-水玻璃浆液由于具备凝胶时间可控、可有效控制浆液扩散范围、有一定的动水抗冲刷性等优点，被广泛采用。考虑到本试验中存在动水环境，且是对隧道 F2 断层注浆处治过程的模拟再现，故选用水泥-水玻璃浆液作为注浆材料，两者配比为 1∶1。其中，水泥使用 P.O32.5 普通硅酸盐水泥（南方水泥有限公司制造），其质量满足《通用硅酸盐水泥》GB 175—2007 标准，主要性能参数如表 3-3 所示；所选用水玻璃模数为 3.2，浓度为 31°Bé。

试验用水泥浆主要性能指标　　　　　　表 3-3

水灰比W/C	黏度μ/ ($\times 10^{-3}$Pa·s)	密度ρ/ (g/cm³)	结石率/%	凝胶时间		单轴抗压强度σ_c/MPa	
				初凝t_1	终凝t_2	7d	14d
1∶1	18	1.49	85	14h56min	24h27min	420	500

3. 多元监测传感器布置

1）监测传感器布置原则

监测传感器布置的主要原则是：集中布置于隧道开挖轮廓线向外偏移一定距离的 3 个

轮廓线上，如图 3-10 所示，在拱顶、拱肩和拱腰等重点位置布置监测元件，兼顾隧道进口左、右洞和中隔岩柱等重点部位，监测传感器以土压力、渗透压力和位移传感器为主，旨在采集拱顶、拱肩和拱腰等重点部位在突水突泥发生及灾后注浆治理时土压力、渗透压力和位移等物理场响应特征。

2）监测传感器布置数量及位置

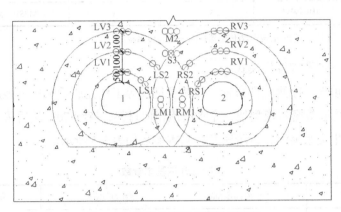

图 3-10　监测传感器布置纵剖面图

L—隧道进口左洞；R—隧道进口右洞；V（vault）—拱顶；S（spandrel）—拱肩；M—中隔岩柱

在模拟断层破碎带区域中线位置设置监测断面，进口左、右洞均布置三环监测传感器，距离开挖轮廓线长度分别为 50mm、150mm 和 250mm。其中，在拱顶 LV1、LV2、LV3、RV1、RV2 和 RV3 六个位置共布置传感器 18 个；在拱肩 LS1、LS2、RS1、RS2 和 S3 五个位置共布置传感器 11 个；在拱腰 LM1 和 RM1 处共布置传感器 4 个；在中隔岩柱顶部 M2 处布置传感器 3 个。综上所述，共布置传感器 36 个，具体参数信息如表 3-4 所示。

监测传感器布置数量及位置信息统计表　　　　　　　　　　　表 3-4

部位编号	所属位置	距轮廓线长度/mm	数量/个	传感器编号
LV1	左洞拱顶	50	3	LV1SP, LV1SEP, LV1DP
LV2	左洞拱顶	150	3	LV2SP, LV2SEP, LV2DP
LV3	左洞拱顶	250	3	LV3SP, LV3SEP, LV3DP
RV1	右洞拱顶	50	3	RV1SP, RV1SEP, RV1DP
RV2	右洞拱顶	150	3	RV2SP, RV2SEP, RV2DP
RV3	右洞拱顶	250	3	RV3SP, RV3SEP, RV3DP
LS1	左洞拱肩	50	2	LS1SP, LS1SEP
LS2	左洞拱肩	150	2	LS2SP, LS2SEP
RS1	右洞拱肩	50	2	RS1SP, RS1SEP
RS2	右洞拱肩	150	2	RS2SP, RS2SEP

部位编号	所属位置	距轮廓线长度/mm	数量/个	传感器编号
S3	拱肩	250	3	S3SP, S3SEP, S3DP
LM1	左洞拱腰	100	2	LM1SP, LM1SEP
RM1	右洞拱腰	100	2	RM1SP, RM1SEP
M2	中隔岩柱	300	3	M2SP, M2SEP, M2DP

注：SP—土压力传感器；SEP—渗透压力传感器；DP—位移传感器。

4. 模拟突水突泥渐进发生模式

在相似材料填充、监测元件布置、注浆管理设等工作完成后采用高强度螺栓、环氧树脂、玻璃胶、结构胶等密封模型架，充水浸泡相似材料，持续 7d，然后采用台阶法模拟隧道开挖，直至发生突水突泥，台阶法开挖基本参数如表 3-5 所示。

台阶法开挖基本参数   表 3-5

上台阶高度/cm	下台阶高度/cm	台阶长度/cm	每循环进尺/cm
8.6	6.5	12.5	2.5

在进口左洞上台阶模拟开挖进行至第 18 个开挖步时，隧道掌子面及洞周出水量骤然增大，出水逐渐变得浑浊，随后伴随着较大声响，大量水、泥混杂物一起突然涌出，突水突泥涌出物呈渐进式增加后逐渐减少的规律，整个过程持续 3min 之久，成功实现突水突泥过程的模拟，隧道开挖及突水突泥过程如图 3-11 所示。

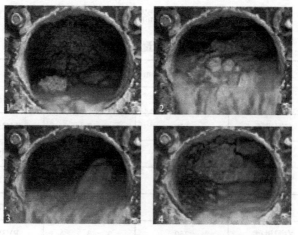

图 3-11　隧道开挖及突水突泥过程照片

5. 隧道突泥体清淤

突水突泥结束后静置 48h，使被扰动地层基本达到稳定状态，随后进行突泥体清淤工作，为后续环节提供充裕的操作空间。清淤过程应尽可能减少对突泥后地层的扰动，避免人为因素诱发地层的后续失稳，影响试验效果。

6. 间歇式压水联通试验

突泥体清淤环节结束之后，进行间歇式压水联通试验。一方面检验被扰动地层是否能承受较高压力下注浆，以判定是否跟进衬砌；另一方面判定浆液拟扩散路径与掌子面以及隧洞周边的联通情况。按照 J-1、M-1、L-1 和 R-1 顺序分别泵入清水（若使用浆液将会堵塞管路，影响后续注浆试验），使用高清相机捕捉隧洞内出水点（潜在跑浆点），为减少对地层的扰动，相邻两次压水联通试验的间隔要在 10min 以上，压水联通试验结果如表 3-6 所示，出水及冒气泡情况如图 3-12 所示。

压水联通试验结果汇总表　　　　　　　　　　　　　表 3-6

孔号	起始时间	终止时间	跑浆点数量	跑浆总速率	跑浆程度
J-1	9:37	9:42	左洞 1 个，右洞多处	不明显，多冒气泡	轻微
M-1	9:53	9:57	左洞 2 个，右洞多处	较小	轻微
L-1	10:08	10:12	左洞多处，右洞较少	较小	轻微
R-1	10:23	10:26	左洞较少，右洞多处	较小	轻微

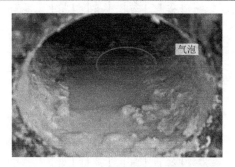

图 3-12　压水联通试验中出水及冒气泡情况

根据压水联通试验结果，突泥后隧道掌子面及洞周局部出现了孔隙率大、连通性较强区域，右洞较为明显，但整体仍在可控范围之内，洞周地层仍具备一定的承压能力，具备进行较高压力下注浆的条件。为保证注浆加固效果，减少浆液在较高压力下的跑浆现象，在重点位置需跟进衬砌。

7. 围岩稳定性保障处理

如果隧洞周边无潜在跑浆现象或跑浆轻微，且围岩比较稳定，无掉块现象，则不跟进衬砌，裸洞状态有利于测量注浆处治前后出水量变化并观测注浆中围岩稳定性情况；如果隧道周边潜在跑浆现象较为严重，出水点呈面状分布，且围岩稳定性较差，存在坍塌风险，宜及时跟进衬砌，保证在较高压力注浆条件下浆液的有效留存加固及注浆期间的围岩稳定性。

根据压水联通试验结果，对隧道进口左、右洞掌子面及其洞周出水点较为集中位置进行了跟进衬砌处理，受限于较小的操作空间，衬砌结构仅选用混凝土材料，配合比为水：白水泥：砂：石子 = 0.38∶1∶1.11∶2.72,均匀涂抹于薄弱部位,如图 3-13 所示,养护 12h,提升衬砌强度。

图 3-13　隧道进口左、右洞跟进衬砌后照片

8. 动水环境下远端截浆及浅部分区加固注浆

衬砌养护结束之后，按照 J-1、M-1、L-1 和 R-1 的先后顺序开展动水环境下远端截浆及浅部分区加固注浆，即注浆分 4 序次进行，相邻序次注浆时间间隔要确保在半小时以上，每序次注浆均包括以下主要步骤（图 3-14），部分关键步骤实施细节如图 3-15 所示。

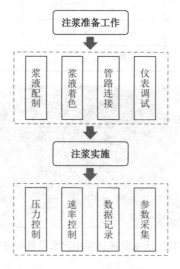

图 3-14　注浆过程关键实施步骤

(a) 浆液搅拌　　　　　　　　(b) 浆液着色　　　　　　　　(c) 管路连接

(d) 管路密封处理　　　　　　(e) 耗浆量测定　　　　　　　(f) 注浆压力采集

| (g) 注浆泵压动频率控制 | (h) L-1 管路注浆实施 | (i) 多元信息采集 |

图 3-15　注浆过程部分关键步骤实施细节照片

根据数据记录结果，4 序次浆液注入速率、终压、起止时间、浆液注入量以及异常状况等基本信息如表 3-7 所示。

各序次注浆基本信息汇总表

表 3-7

孔号	注浆材料	掺入颜色	浆液注入速率/（L/min）	注浆终压/MPa	起始时间	终止时间	浆液注入量/L	异常状况
J-1	C-S	铁红	5.19	基本不起压	10:16	10:25	水泥浆 23.36 水玻璃 23.36	
M-1	C-S	绿色	8.79	0.12	11:00	11:08	水泥浆 35.14 水玻璃 35.14	隧道周边渗出水玻璃
L-1	C-S	黄色	8.39	0.32	14:32	14:47	水泥浆 62.95 水玻璃 62.95	M-1 管口漏浆，左右洞底板冒泡
R-1	C-S	蓝色	6.13	0.42	15:19	15:35	水泥浆 49.07 水玻璃 49.07	应变箱异常未采集数据

注：浆液注入体积通过水泥浆注入质量换算，水灰比为 1∶1，浆液密度按 1400kg/m³ 计算，水泥浆液与水玻璃体积比为 1∶1。

由统计数据可知，4 序次累计注入浆液 341.04L，注入压力呈递增趋势，最高可达 0.42MPa。其中，J-1 注浆持续 9min，共注入浆液 46.72L，平均浆液注入速率 5.19L/min，注浆压力几乎为零；M-1 注浆持续 8min，共注入浆液 70.28L，平均浆液注入速率 8.79L/min，稳定注浆压力最高可达 0.12MPa；L-1 注浆持续 15min，共注入浆液 125.9L，平均浆液注入速率 8.39L/min，稳定注浆压力最高可达 0.32MPa；R-1 注浆持续 16min，共注入浆液 98.14L，平均浆液注入速率 6.13L/min，稳定注浆压力最高可达 0.42MPa。

3.2.2　注浆过程多元物理信息动态响应特征及机理分析

1. 多序次注浆压力动态变化特征分析

1) 远端截浆注浆（J-1 管）

根据表 3-7 数据，在远端截浆注浆过程中基本无起压现象，全程稳定注浆压力几乎为 0。

这是由于突泥后被注地层受到强烈扰动，地层条件由突泥前的相对致密变化为注浆后的多通道、结构面、空腔隐伏，空隙率较大，可注性较好。前期浆液以充填作用为主，迅速填充扩散路径周边通道和空腔，浆液扩散仅需克服自身黏滞性、浆-岩界面的摩擦力及可能存在的自身重力等因素，加之限于压力表采集精度，所以注浆过程基本未起压。另一方面，较好的可注性使得浆液扩散范围较大且难以控制，对此应针对性保持较低的注入速率且注浆持续时间不宜过长，避免浆液的过度扩散。

2）中隔岩柱注浆（M-1 管）

中隔岩柱注浆全程压力动态变化曲线如图 3-16 所示。由曲线可知，稳定注浆压力在 435s 之前仍然为 0；随后压力迅速升高，在 20s 内迅速升高至 0.11MPa；5s 内降至 0.09MPa；随后又在 10s 内升高至 0.12MPa。注浆压力整体呈"波状"变化规律，即经历多个震荡变化循环（存在多个极大值和极小值），压力最高可达 0.12MPa。

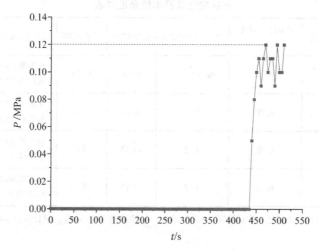

图 3-16 中隔岩柱注浆全程压力动态变化曲线

本序次注浆开始后 435s 内未出现起压，这一方面是因为前一序次远端截浆注浆并未完全充填突水突泥造成的隐伏通道和空腔；另一方面，浆液注入空间位置发生改变，注浆孔周边空隙率较大，因此此段时间内浆液仍以充填作用为主。随着隐伏通道和空腔逐渐被浆液"填满"，浆液作用形式发生改变，由充填作用向挤密作用转变，注浆压力因此迅速提升，浆液能量不断积聚，当压力达到峰值时，浆液在被注介质最薄弱处发生劈裂作用，开辟劈裂路径，浆液迅速充填，注浆压力因此呈现逐渐升至峰值然后骤降的规律，代表浆液的作用形式由劈裂向充填转变。此后，浆液重复着充填—挤密—劈裂—充填的动态复合作用形式，注浆压力因此存在多个极大值和极小值，经历多个震荡变化循环。

3）隧道进口左洞加固注浆（L-1 管）

隧道进口左洞加固注浆全程压力动态变化曲线如图 3-17 所示。根据曲线特征将左洞注浆压力全程变化概况划分为 4 个阶段（a、b、c 和 d 阶段）：a 阶段，不同于前两次注浆，左洞注浆开始后短时间内注浆压力即有剧烈变化，在 20s 内迅速升高至 0.2MPa；b 阶段，注浆压力呈震荡变化特征，但震荡峰值呈递增状态，由 20s 时的峰值 0.2MPa 升高至 145s

时的峰值 0.32MPa；c 阶段，注浆压力峰值整体呈震荡递降状态，最低可至 0.18MPa；d 阶段为后续多个震荡变化循环，830s 时，最大注浆压力达 0.33MPa。不考虑局部时间段（图中 abn 1 阶段），注浆压力整体呈逐渐升高趋势。

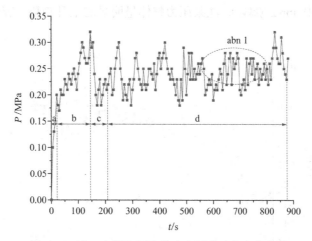

图 3-17　进口左洞加固注浆全程压力动态变化曲线

各阶段注浆压力变化机理分析如下：

（1）a 阶段，前两序次注浆已经充填了大量的通道和空腔，介质整体空隙率大大降低，受此影响，左洞注浆开始后浆液的充填作用时间大大缩短，压力迅速升高，浆液作用形式由充填向挤密转变，浆液能量持续蓄积。

（2）b 阶段，浆液重复着劈裂-充填-挤密-劈裂的动态复合作用形式，注浆压力因此呈现震荡变化特征，此阶段压力震荡峰值呈现较为明显的递增规律，持续时间达 125s，这是由浆液分区域作用方式所造成的，即 145s 之前浆液扩散集中于环注浆孔一定距离区域内，浆液持续性的循环动态复合作用形式使得局部区域内空隙率不断降低，可注性变差，每个作用循环浆液发生劈裂作用的难度不断加大，因此压力震荡峰值递增。b 阶段是浆液在软弱破碎介质中分区域扩散的典型代表。

（3）c 阶段，受浆液循环动态复合作用形式影响，注浆压力仍呈震荡趋势，有别于 b 阶段，本阶段震荡峰值呈下降趋势，在浆液作用形式不变的条件下，这是由浆液作用区域迁移引起的，即浆液在 b 阶段作用区域饱和之后开始发展新的扩散区域，空间上表现为位置坐标的变化，局部空隙率较上一区域大幅降低，可注性更好，劈裂峰值因此降低。c 阶段是浆液作用区域动态迁移的典型代表。

（4）d 阶段可以概化为 b 阶段和 c 阶段的后续循环，浆液通过动态复合作用形式不断实现局部作用区域饱和与作用区域迁移，随着被注介质整体空隙率的逐渐降低，可注性愈差，因此注浆压力整体呈逐渐升高趋势。

4）隧道进口右洞加固注浆（R-1 管）

隧道进口右洞加固注浆全程压力动态变化曲线如图 3-18 所示。根据曲线特征将右洞注浆压力全程变化概况划分为 3 个阶段（a、b 和 c 阶段）：a 阶段，类似于左洞注浆，右洞注浆开始后短时间内注浆压力迅速持续性升高，在 30s 内上升至 0.32MPa；b 阶段，类似于左洞注浆 c 阶段，注浆压力呈峰值递降状态，在 120s 时达到最低（0.22MPa）；c 阶段，不考虑局部时间段（图中 abn 2 阶段），注浆压力整体呈明显的上升趋势，震荡峰值递增，最高可达 0.42MPa。

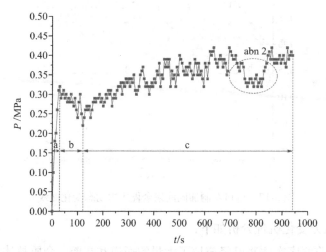

图 3-18 进口右洞加固注浆全程压力动态变化曲线

各阶段注浆压力变化机理分析如下：

（1）a 阶段，注浆压力持续性上升，与左洞相比，右洞注浆前期少了峰值震荡上升阶段（图 5-18b 阶段），这是由于右洞注浆孔周边介质受到了前 3 次注浆的影响，介质致密性和整体性得到提升，浆液劈裂介质难度增大，需要更高的压力，同时，周边介质的趋均质性使得次生劈裂的次数减少，所以前期注浆压力并无明显震荡现象，浆液主要发挥挤密作用，蓄积能量。

（2）b 阶段，注浆压力峰值递降仍是由浆液作用区域迁移引起的，浆液通过劈裂作用在环注浆孔前序次注浆加固区域开辟了扩散通道，浆液作用区域改变，浆液迁移过程伴随多次次生劈裂现象，注浆压力因此呈现震荡特征。

（3）c 阶段，注浆压力震荡峰值呈现明显的递增趋势，这是由于受前 3 序次注浆影响，突泥后扰动地层整体上已得到一定程度的加固，地层致密性和均一性提升，在此基础上，浆液劈裂介质难度随距注浆孔距离增加和介质致密程度提高而不断增大，因此注浆压力震荡峰值递增。对于图中的 abn 2 阶段，注浆压力震荡峰值出现阶段性下降，这主要是由于前序次注浆存在一定的加固盲区，盲区内空隙率相对较大，劈裂难度有限，压力因此下降。

5）多序次注浆压力动态变化机理总结

从数据以及变化趋势来看，4 序次注浆压力变化特征存在明显的差异，这主要是由注浆孔空间位置差异、浆液注入时被注介质条件差异以及前序次注浆影响所致。从根本上讲，在浆液性质及注浆设备性能一致的前提下，注浆压力的变化特征主要取决于被注介质条件的改变，而被注介质条件主要受空间位置以及前序次注浆的影响，所以注浆压力的变化又能反映被注介质条件的改变以及前序次注浆中浆液扩散特征，为通过注浆压力变化辨识浆液作用区域迁移以及扰动地层加固情况奠定了基础。

2. 注浆压力动态变化理论计算与试验结果对比

如图 3-19 所示，注浆平均及峰值压力随着注浆序次的增加呈现逐渐增大的趋势，平均压力值由第 1 序次的 0.10MPa 增大至第 3 序次的 0.34MPa，相对增长率分别为 137%和236%；注浆压力峰值由第 1 序次的 0.12MPa 增大至第 3 序次的 0.42MPa，相对增长率为 167%和 251%，如表 3-8 所示。

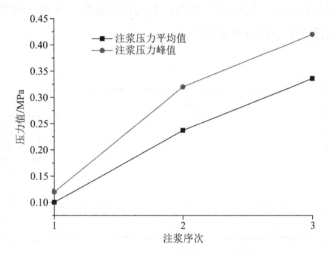

图 3-19　注浆平均及峰值压力随注浆序次增加变化曲线

各序次注浆平均、峰值压力及相对增长率统计表　　　　表 3-8

序次	注浆压力平均值/MPa	相对增长率	注浆压力峰值/MPa	相对增长率
1	0.10	—	0.12	—
2	0.24	137%	0.32	167%
3	0.34	236%（41.7%）	0.42	251%（31.3%）

根据第 1 章的理论计算结果，在所选定三种工况下，再压缩模型（对应后序次注浆）中浆液扩展压力相对于初始压缩模型（对应先序次注浆）的增长率分别为 253%、375%和460%，由此可以得出结论：虽然理论计算得出的后序次注浆压力增长率略大，但总体上理论推导与模型试验得出了较为一致的结论，即注浆压力随着注浆序次的增加呈现逐渐增大的变化规律。造成误差的原因有：①理论计算和模型试验中的注浆和被注介质条件有所不同；②理论推导中的浆液扩展压力的概念与注浆压力严格来讲并不是等同的概念，前者是

指浆液在进入被注介质以后的压力，而后者是指浆液在注浆管路中的压力。

造成注浆压力随注浆序次增加而升高的原因是：对于同一地层，随着注浆次数的增加，注浆的加固效应显现，地层致密性不断提高，浆液劈裂被注介质的难度不断加大，需要更高的浆液压力提供更强的劈裂能力。

3. 分序注浆土压力和渗透压力动态响应特征分析

1）隧洞典型位置土压力对于远端截浆注浆的响应特征

由图 3-20 可知，远端截浆注浆中各典型位置土压力数据较为稳定，波动较小，受注浆影响不大，这可能是由于突泥结束后产生了大量隐伏空腔及通道，浆液以充填作用为主，相对于注浆前介质内部应力状态变化不大。对于左洞拱顶处（LV1），土压力数值在 250s 之后开始下降，这可能是由于突泥后该位置处介质较为破碎松动，持续性注浆易冲刷和运移介质，导致传感器与介质有一定程度的剥离，造成数值降低。这也在很大程度上反映了突水突泥之后介质内部隐伏空腔及通道的存在。

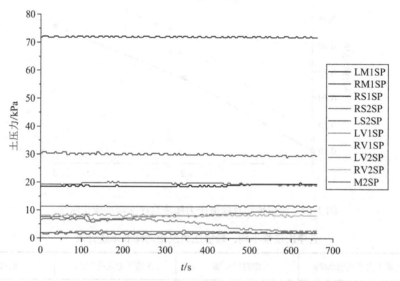

图 3-20　远端截浆注浆隧洞典型位置土压力响应曲线

远端截浆注浆对于介质内部应力状态影响有限，所以此时的应力状态即为隧道突水突泥灾后介质的原始应力状态，根据监测数据，隧道进口左、右洞拱顶、拱肩、拱腰和中隔岩柱等典型位置处土压力稳定值如表 3-9 所示。

典型位置处突泥灾后土压力稳定值　　　　　　　　　　　　　　表 3-9

典型位置	RS1	LS2	RS2	LM1	RM1	RV2	LV2	LV1	RV1	M2
初始土压力/kPa	71.8	30.3	19.3	18.5	11.3	8.1	7.6	6.9	1.9	1.4

根据监测数据并参考图 3-10 监测传感器布置方位，突水突泥灾后隧洞拱肩位置处（RS1、LS2、RS2）应力值较大，可达 19.3～71.8kPa，其中在右洞拱肩处应力值最高可达

71.8kPa；拱腰位置处（LM1、RM1）应力次之，可达 11.3～18.5kPa；拱顶位置处（RV2、LV2、LV1、RV1）应力相对较低，仅有 1.9～8.1kPa。

突水突泥发生后隧洞周边应力重分布，不同区域应力差别较大，在数值上可能差距数十倍，对于本次试验来讲，需特别注意拱腰及右侧拱肩处围岩变形，预防突泥二次发生，另外，在注浆过程也需要进行重点监测和调整，根据围岩变形情况严格控制注浆压力、时间和注入位置。

2）隧洞典型位置土压力对于中隔岩柱注浆的响应特征

由图 3-21 可知，中隔岩柱注浆中各典型位置土压力响应非常明显，类似于注浆压力，土压力曲线也存在明显的波动特性。注浆开始后土压力迅速上升，存在波动现象，但随时间推移土压力整体呈上升趋势，反映了浆液不断楔入介质从而改变介质应力状态的过程；另一方面，也反映了浆液的动态注入会对被注介质施加荷载，使得介质原始应力状态提高数倍，应通过控制注浆压力、时间和注入位置限制介质应力提升幅度，从而控制围岩变形，实现稳定安全注浆。

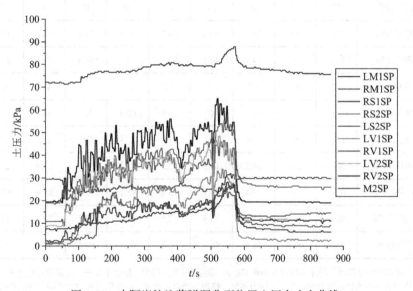

图 3-21　中隔岩柱注浆隧洞典型位置土压力响应曲线

浆液注入过程中需要重点关注对地层施加的荷载，因为过高的荷载会超出地层的极限承载能力，非但无法起到加固扰动地层的目的，反而会进一步破坏扰动地层，诱发二次灾害，留下安全隐患。在实际注浆工程中，预防注浆施加荷载诱发二次灾害的惯用手段是围岩变形监测，在围岩变形量较大或者变形速率较快时调整注浆压力或暂停注浆，但是此种手段是存在滞后缺陷的，因为围岩变形超过安全限度意味着注浆施加荷载已经对地层产生了破坏，当被注地层承载力较小时，便会在短时间内诱发二次灾害。为规避这类隐患，本章通过试验提出了一种预测注浆对地层产生荷载大小的方法，即在试验中监测隧洞典型位置应力对于注浆的响应增加量，并建立起注浆压力、距注浆孔距离等参数的关系，提出了注浆压力损耗率的概念，可以直观反映注浆压力在各典型位置处引起的应力增量，从而判断注浆中各位置应力是否超过了地层极限承载力，进而实时反馈调整注浆压力，保证注浆施工安全。

表 3-10 统计了中隔岩柱注浆过程中隧洞典型位置产生的平均应力增量、峰值应力增量和稳定应力增量，计算了相对于注浆前的应力平均增长率、应力峰值增长率和应力稳定增长率。平均注浆压力取 100.67kPa，并由此计算了相应的注浆压力平均损耗率、注浆压力峰值损耗率和注浆压力稳定损耗率。

典型位置处中隔岩柱注浆前后土压力及注浆压力损耗率统计表　　　表 3-10

典型位置	RS1	LS2	RS2	LM1	RM1	RV2	LV2	LV1	RV1	M2
应力初始值/kPa	71.8	30.3	19.3	18.5	11.3	8.1	7.6	1.9	2.2	1.9
应力平均值/kPa	79	—	40	49	36	13	35	18	14	14
应力峰值/kPa	89	—	54	65	44	27	46	32	30	25
应力稳定值/kPa	75	31	26	21	15	10	10	3	7	8
应力平均增量/kPa	7.2	—	20.7	30.5	24.7	4.9	27.4	16.1	11.8	12.1
应力峰值增量/kPa	17.2	—	34.7	46.5	32.7	18.9	38.4	30.1	27.8	23.1
应力稳定增量/kPa	3.2	0.7	6.7	2.5	3.7	1.9	2.4	1.1	4.8	6.1
应力平均增长率/%	10	—	107	165	219	60.5	361	847	536	550
应力峰值增长率/%	23.9	—	179	251	289	233	505	158	1260	1050
应力稳定增长率/%	4.5	2.3	34.7	13.5	32.7	23.5	31.6	57.9	218	277
压力平均损耗率/%	92.8	—	79.4	69.7	75.4	95.1	72.7	84.0	88.2	87.9
压力峰值损耗率/%	82.9	—	65.5	53.8	67.5	81.2	61.8	70.1	72.3	77.1
压力稳定损耗率/%	96.8	99.3	93.3	97.5	96.3	98.1	97.6	98.9	95.2	93.9

注：①中隔岩柱注浆期间平均注入压力为 100.67kPa；②应力平均、峰值、稳定增量——注浆过程应力平均、峰值和稳定数值相对于应力初始值的增加量；③应力平均、峰值、稳定增长率——注浆过程应力平均、峰值和稳定增量与应力初始值的比值；④注浆压力平均、峰值、稳定损耗率——在数值上等于 1 减去应力平均、峰值和稳定增量与平均注浆压力的比值。

根据表 3-10 数据，可以得出如下结论：

（1）中隔岩柱注浆后各典型位置平均应力值为 13～79kPa，拱肩和拱腰应力值相对较大；峰值应力为 25～89kPa，拱肩和拱腰相对较大；稳定应力值为 3～75kPa，拱肩和拱腰相对较大。

（2）应力平均增量为 4.9～30.5kPa，拱腰及左洞拱顶位置增量相对较大；应力峰值增量为 17.2～46.5kPa，拱腰、左洞拱顶及右洞拱肩位置增量相对较大；应力稳定增量为 0.7～6.7kPa，右洞拱肩位置增量相对较大，而从数据也可以看出注浆对于地层施加的荷载主要集中在注浆期间，而在注浆结束后稳定地层应力增量有限。

（3）注浆压力平均损耗率为 69.7%～95.1%，拱腰位置相对降低，也就意味着该位置注浆引起了更大的应力增量；注浆压力峰值损耗率为 53.8%～82.9%，左洞拱腰位置相对降低；注浆压力稳定损耗率为 93.3%～99.3%，各典型位置压力损耗率均较高，表明由注浆引起的应力增量已不明显。

（4）应力平均增长率为 10%～847%，拱顶及中隔岩柱顶部位置较高，均超过 360%；应力峰值增长率为 23.9%～1260%，右洞拱顶及中隔岩柱顶部位置较高，超过 1050%；应力稳定增长率为 2.3%～277%，右洞拱顶及中隔岩柱顶部位置较高，超过 218%，但其他部位均在 58% 以内，表明注浆结束之后应力增长率出现大幅回落。

3）隧洞典型位置土压力对于进口左洞注浆的响应特征

如图 3-22 所示，与中隔岩柱注浆类似，进口左洞注浆时隧洞典型位置应力仍呈现明显的响应特征，呈现波动变化特征；相比于前两次注浆，本次注浆时各位置应力值普遍更高，峰值应力最高可达 161kPa，更直观地印证了随着注浆次数的增加，地层条件更加密实，注浆加固效果逐渐显现。

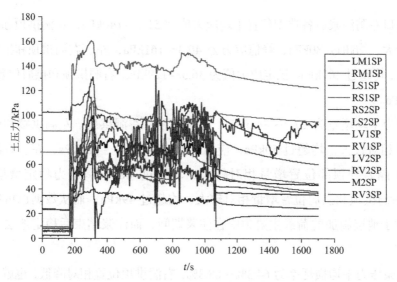

图 3-22　进口左洞注浆隧洞典型位置土压力响应曲线

根据表 3-11 的数据可以得出如下结论：

典型位置处进口左洞注浆前后土压力及注浆压力损耗率统计表　　表 3-11

典型位置	LS1	RS1	LS2	RS2	LM1	RM1	RV2	RV3	LV2	LV1	RV1	M2
应力初始值/kPa	102	69.9	34.6	23.1	23.7	9.4	9.1	87.1	8	6.5	2.4	5.7
应力平均值/kPa	81.1	97.6	—	78.3	73.5	51.2	55.1	140	50.4	62.5	86.9	65.6
应力峰值/kPa	132	112	40.3	111	99.7	79.2	77.5	161	68.4	109	131	94.5

典型位置	LS1	RS1	LS2	RS2	LM1	RM1	RV2	RV3	LV2	LV1	RV1	M2
应力稳定值/kPa	90.2	96.9	36.5	72.5	46.5	46.4	50.4	129	26.6	17.8	87.9	40.3
应力平均增量/kPa	—	27.7	—	55.2	49.8	41.8	46	52.9	42.4	56	84.5	59.9
应力峰值增量/kPa	30	42.1	5.7	87.9	76	69.8	68.4	73.9	60.4	103	129	88.8
应力稳定增量/kPa	—	27	1.9	49.4	22.8	37	41.3	41.9	18.6	11.3	85.5	34.6
应力平均增长率/%	—	39.6	—	239	210	445	505	60.7	530	862	3521	1051
应力峰值增长率/%	29.4	60.2	16.5	381	321	743	752	84.8	755	1585	5375	1558
应力稳定增长率/%	—	38.6	5.5	214	96.2	394	454	48.1	233	174	3563	607
压力平均损耗率/%	—	88.3	—	76.7	78.9	82.3	80.6	77.6	82.1	76.3	64.3	74.7
压力峰值损耗率/%	87.3	82.2	97.6	62.9	67.9	70.5	71.1	68.8	74.5	56.5	45.5	62.5
压力稳定损耗率/%	—	88.6	99.2	79.1	90.4	84.4	82.5	82.3	92.1	95.2	63.9	85.4

注：进口左洞注浆期间平均注入压力为236.67kPa。

（1）进口左洞注浆后各典型位置平均应力值为51.2～140kPa，右洞拱顶和拱肩位置应力值相对较大，均超过80kPa；峰值应力为40.3～161kPa，左、右洞拱顶和拱肩位置应力值相对较大，均超过109kPa；稳定应力值为36.5～129kPa，右洞拱顶和拱肩位置相对较大，均超过88kPa。

（2）应力平均增量为27.7～84.5kPa，右洞拱顶、右洞拱肩、左洞拱腰和中隔岩柱顶部位置增量相对较大，均超过50kPa；应力峰值增量为30～129kPa，左、右洞拱顶、右洞拱肩和中隔岩柱顶部位置增量相对较大，均超过88kPa；应力稳定增量为11.3～85.5kPa，右洞拱顶和拱肩位置增量相对较大，均超过49kPa，而从数据也可以看出进口左洞注浆对于地层施加的荷载主要集中在注浆期间，而注浆结束后稳定地层应力增量会有一定折减。

（3）注浆压力平均损耗率为64.3%～88.3%，右洞拱顶位置相对降低，也就意味着该位置注浆引起了更大的应力增量；注浆压力峰值损耗率为45.5%～87.3%，右洞拱顶相对降低；注浆压力稳定损耗率为63.9%～95.2%，右洞拱顶位置相对降低。

（4）应力平均增长率为39.6%～3521%，右洞拱顶及中隔岩柱顶部位置较高，均超过1050%；应力峰值增长率为29.4%～5375%，左、右洞拱顶及中隔岩柱顶部位置较高，超过1050%；应力稳定增长率为38.6%～3563%，右洞拱顶位置较高。

4）隧洞典型位置渗透压力对于远端截浆注浆的响应特征

如图3-23所示，类似于土压力，远端截浆注浆中各典型位置渗透压力数据较为稳定，波动较小，受注浆影响不大，这可能是突泥结束后产生大量隐伏空腔及通道所致，注浆对于各位置渗透压力状态的影响并不明显。

左洞拱顶位置（LV2）在注浆开始 165s 后渗透压力由 32.2kPa 提升至 37.9kPa，这可能是大量浆液扩散至此区域所致；左侧拱肩位置（LS1）在注浆开始 230s 后开始下降，在注浆结束时仅有 1.3kPa，这同样可能是由传感器埋设位置受到突泥强烈扰动，浆液进一步加剧了扰动作用，导致传感器不能完全固定，无法正常工作。

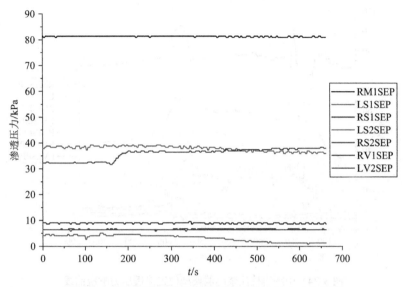

图 3-23　远端截浆注浆隧洞典型位置渗透压力响应曲线

根据监测数据，隧道进口左、右洞拱顶、拱肩、拱腰和中隔岩柱等典型位置处渗透压力稳定值如表 3-12 所示。

典型位置处突泥灾后渗透压力稳定值　　　　　　表 3-12

典型位置	RM1	LS2	LV2	RV1	RS1	RS2	LS1
初始渗透压力/kPa	81.4	38.8	32.2	9.1	6.4	6.4	4.1

根据表 3-12 的数据并参考图 3-10 监测传感器布置方位，突水突泥灾后右洞拱腰位置处（RM1）渗透压力值较大，可达 81.4kPa；左洞拱肩和拱顶位置处（LS2、LV2）渗透压力次之，分别为 38.8kPa 和 32.2kPa；其他位置处渗透压力相对较低，达 4.1～9.1kPa。

突水突泥发生后，隧洞各位置渗透压力值差距较大，尤其是拱腰位置渗透压力值较大，在后续注浆过程中应进行重点监控。

5）隧洞典型位置渗透压力对于中隔岩柱注浆的响应特征

如图 3-24 所示，隧洞各典型位置对于中隔岩柱注浆的响应程度不一。

右洞拱腰、左洞拱顶和右洞拱肩位置（RM1、LV2 和 RS1）对于注浆过程的响应较为明显，渗透压力曲线同样呈现波动特征，随着时间推移总体呈逐渐升高趋势，由此可推断以上位置是浆液扩散的重点区域。

其他位置处对于注浆过程的响应不明显或者存在明显的滞后性，甚至会出现渗透压力下降的现象（LS2），这反映了地层加固初期浆液扩散分区域的特性，加固过程呈现空间不均一性，扰动地层局部仍有隐伏空腔、通道的存在。

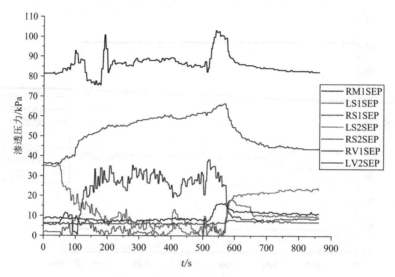

图 3-24　中隔岩柱注浆隧洞典型位置渗透压力响应曲线

表 3-13 统计了中隔岩柱注浆后隧洞典型位置产生的平均渗压增量、峰值渗压增量和稳定渗压增量，计算了相对于注浆前的渗压平均增长率、渗压峰值增长率和渗压稳定增长率。取平均注浆压力为 100.67kPa，并由此计算了相应的注浆压力平均损耗率、注浆压力峰值损耗率和注浆压力稳定损耗率。

典型位置处中隔岩柱注浆前后渗透压力及注浆压力损耗率统计表　表 3-13

典型位置	RM1	LS2	LV2	RV1	RS1	RS2	LS1
渗压初始值/kPa	81.4	35	36.4	9.1	5.9	6.4	1.8
渗压平均值/kPa	86.9	8.67	56.2	8.29	25.4	6.05	2.92
渗压峰值/kPa	103.2	26.4	66.4	16.2	38.2	6.8	9.8
渗压稳定值/kPa	83.3	22.6	44.5	11	8.3	7.3	10.3
渗压平均增量/kPa	5.5	−26.3	19.8	−0.8	19.5	−0.35	1.12
渗压峰值增量/kPa	21.8	−8.6	30	7.1	32.3	0.4	8
渗压稳定增量/kPa	1.9	−12.4	8.1	1.9	2.4	0.9	8.5
渗压平均增长率/%	6.8	−75.2	54.4	−8.9	331	−5.5	62.2

典型位置	RM1	LS2	LV2	RV1	RS1	RS2	LS1
渗压峰值增长率/%	26.8	−24.6	82.4	78	547	6.3	445
渗压稳定增长率/%	2.3	−35.4	22.2	20.9	40.7	14.1	472
注浆压力平均损耗率/%	94.5	—	80.3		80.6		98.9
注浆压力峰值损耗率/%	78.3	—	70.2	92.9	67.9	99.6	92.1
注浆压力稳定损耗率/%	98.1	—	91.9	98.1	97.6	99.1	91.6

注：①中隔岩柱注浆期间平均注入压力为 100.67kPa；②渗压平均、峰值、稳定增量——注浆过程渗压平均、峰值和稳定
　　数值相对于渗压初始值的增加量；③渗压平均、峰值、稳定增长率——注浆过程渗压平均、峰值和稳定增量与渗压
　　初始值的比值；④注浆压力平均、峰值、稳定损耗率——在数值上等于 1 减去渗压平均、峰值和稳定增量与平均注
　　浆压力的比值。

根据表 3-13 数据，可以得出如下结论：

（1）中隔岩柱注浆后各典型位置平均渗透压力值为 2.92～86.9kPa，右洞拱腰和左洞拱
肩位置渗压值相对较大；峰值渗压为 6.8～103.2kPa，右洞拱腰和左洞拱肩相对较大；稳定
渗压值为 7.3～83.3kPa，右洞拱腰和左洞拱肩位置相对较大。

（2）渗压平均增量为−26.3～19.8kPa，左洞拱顶及右洞拱肩位置增量相对较大，其中，
左、右洞拱肩外侧及右洞拱顶位置处渗压有不同程度的下降；渗压峰值增量为−8.6～
32.3kPa，左洞拱顶及右洞拱肩位置增量相对较大；稳定渗压增量为−12.4～8.5kPa，左洞拱
肩及拱顶位置增量相对较大，左洞拱肩外侧区域渗压值出现了下降现象。

（3）注浆压力平均损耗率为 80.3%～98.9%，左洞拱顶外侧区域（LV2）和右洞拱肩
（RS1）位置相对降低，也就意味着该位置注浆引起了更高的应力增量；注浆压力峰值损耗
率为 67.9%～99.6%，左洞拱顶外侧区域（LV2）和右洞拱肩（RS1）位置相对降低；注浆
压力稳定损耗率为 91.6%～99.1%，各典型位置压力损耗率均较高，意味着由注浆引起的应
力增量已不明显。

（4）渗压平均增长率为−75.2%～331%，右侧拱肩位置（RS1）较高，达 331%，左、
右洞拱肩外侧区域（LS2、RS2）及右洞拱顶位置（RV1）渗压值出现了不同程度的下降；
渗压峰值增长率为−24.6%～547%，左、右洞拱肩位置（LS1、RS1）较高，超过 445%，左
洞拱肩外侧区域（LS2）渗压出现下降；渗压稳定增长率为−35.4%～472%，左洞拱肩（LS1）
较高，达 472%，但其他部位均在 40.7%以内，表明注浆结束之后应力增长率出现大幅回落，
左洞拱肩外侧区域（LS2）甚至出现了 35.4%的下降率。

6）隧洞典型位置渗透压力对于进口左洞注浆的响应特征

如图 3-25 所示，相比于前两次注浆，隧洞各典型位置渗透压力对于进口左洞注浆的响
应更加明显，同样呈现"阶段式波动、整体性升高"的变化规律，反映了随着注浆次数的
增加，隐伏空腔、通道逐渐得到充填，地层整体致密性变好，是灾后扰动地层得到有效加

固的直观表现。

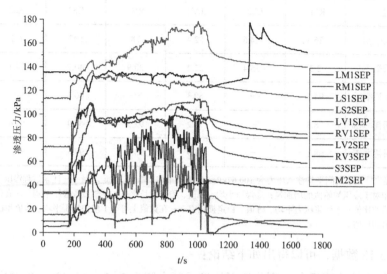

图 3-25 进口左洞注浆隧洞典型位置渗透压力响应曲线

表 3-14 统计了进口左洞注浆后隧洞典型位置产生的平均渗压增量、峰值渗压增量和稳定渗压增量,计算了相对于注浆前的渗压平均增长率、渗压峰值增长率和渗压稳定增长率。平均注浆压力取 236.67kPa,并由此计算了相应的注浆压力平均损耗率、注浆压力峰值损耗率和注浆压力稳定损耗率。

典型位置进口左洞注浆前后渗透压力值及注浆压力损耗率统计表 表 3-14

典型位置	LM1	RM1	LS1	LS2	LV1	LV2	RV1	RV3	S3	M2
渗压初始值/kPa	136	72.3	5.1	33.1	49.5	34.1	9.6	51.3	14.9	113
渗压平均值/kPa	133	125	67.5	39.9	99.9	91.8	30.6	96.4	14.6	152
渗压峰值/kPa	137	137	98.9	72.9	111	103	49.5	110	30.3	174
渗压稳定值/kPa	157	117	11.5	22.1	81.4	61.1	37.1	85.5	7.5	142
渗压平均增量/kPa	−3	52.7	62.4	6.8	50.4	57.7	21	45.1	−0.3	39
渗压峰值增量/kPa	1	64.7	93.8	39.8	61.5	68.9	39.9	58.7	15.4	61
渗压稳定增量/kPa	21	44.7	6.4	−11	31.9	27	27.5	34.2	−7.4	29
渗压平均增长率/%	−2.2	72.9	1224	20.5	101	169	219	87.9	−2	34.5
渗压峰值增长率/%	0.7	89.5	1839	120	124	202	416	114	103	53.9
渗压稳定增长率/%	15.4	61.8	125	−33	64.4	79.2	286	66.7	−49.7	25.7
压力平均损耗率/%	—	77.7	73.6	97.1	78.7	75.6	91.1	80.9	—	83.5

续表

典型位置	LM1	RM1	LS1	LS2	LV1	LV2	RV1	RV3	S3	M2
压力峰值损耗率/%	99.6	72.6	60.4	83.2	74	70.9	83.1	75.2	93.5	74.2
压力稳定损耗率/%	91.1	81.1	97.3	—	86.5	88.6	88.4	85.5	—	87.7

注：进口左洞注浆期间平均注入压力为 236.67kPa。

根据表 3-14 的数据，可以得出如下结论：

（1）进口左洞注浆后各典型位置平均渗透压力值为 14.6～152kPa，中隔岩柱顶部（M2）及左、右洞拱腰位置（LM1、LM2）渗压值相对较大；渗压峰值为 30.3～174kPa，中隔岩柱顶部（M2）及左、右洞拱腰位置（LM1、LM2）相对较大；稳定渗压值为 7.5～157kPa，中隔岩柱顶部（M2）及左、右洞拱腰位置（LM1、LM2）相对较大。

（2）渗压平均增量为 −3～62.4kPa，左洞拱肩（LS1）、拱顶（LV1、LV2）及右洞拱腰（RM1）位置相对较大，其中，左洞拱腰（LM1）及中隔岩柱顶部位置（S3）处渗压有不同程度的下降；渗压峰值增量为 1～93.8kPa，左洞拱肩（LS1）、拱顶（LV1、LV2）及右洞拱腰（RM1）位置相对较大；渗压稳定增量为 −11～44.7kPa，右洞拱腰（RM1）及左洞拱顶（LV1、LV2）位置相对较大，左洞拱肩外侧区域（LS2）和中隔岩柱顶部位置（S3）渗压值出现了下降现象。

（3）注浆压力平均损耗率为 73.6%～97.1%，左洞拱肩（LS1）、拱顶（LV1、LV2）及右洞拱腰（RM1）位置相对降低，也就意味着该位置注浆引起了更大的应力增量；注浆压力峰值损耗率为 60.4%～99.6%，左洞拱肩（LS1）位置相对降低；注浆压力稳定损耗率为 81.1%～97.3%，各典型位置压力损耗率均较高，意味由注浆引起的应力增量已不明显，但是相对于中隔岩柱注浆，注浆压力稳定损耗率平均下降 10% 左右，表明随着注浆次数增加，由注浆引起的地层持久性附加荷载愈加明显，地层整体致密性增强。

（4）渗压平均增长率为 −2.2%～1224%，左洞拱肩位置（LS1）渗压增幅较高，达 1224%，左洞拱腰位置（LM1）渗压值出现了下降；渗压峰值增长率为 0.7%～1839%，左洞拱肩位置（LS1）渗压增幅较大，达 1839%，右洞拱顶位置（RV1）增幅也在 400% 以上；渗压稳定增长率为 −49.7%～286%，右洞拱顶位置（RV1）增幅较大，左洞拱肩外侧区域（LS2）和中隔岩柱顶部位置（S3）渗压有不同程度下降，进口左洞注浆后各典型位置渗压稳定增长率整体高于中隔岩柱注浆。

4. 多序次注浆土压力和渗透压力动态响应特征分析

1）多序次注浆土压力动态变化特征

根据图 3-26，统计各序次注浆隧洞典型位置土压力初始值、稳定值、峰值及稳定值如表 3-15 所示，探究随注浆次数增加各典型位置土压力的变化情况。

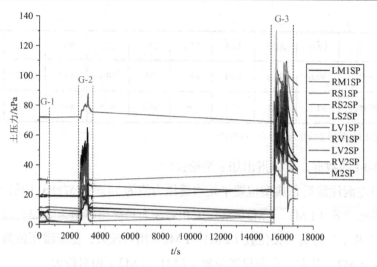

图 3-26　隧洞典型位置土压力对多序次注浆的响应曲线
G—Grouting（注浆）；1，2，3—注浆序次

多序次注浆期间隧道典型位置处土压力变化统计　　　　　表 3-15

典型位置	RS1	LS2	RS2	LM1	RM1	RV2	LV2	LV1	RV1	M2
G-1 初始值/kPa	71.8	30.3	19.3	18.5	11.3	8.1	7.6	6.9	1.9	1.4
G-2 初始值/kPa	71.8	30.3	19.3	18.5	11.3	8.1	7.6	1.9	2.2	1.9
G-3 初始值/kPa	69.9	34.6	23.1	23.7	9.4	9.1	8	6.5	2.4	5.7
相对提升率/%	−2.6	14.2	19.7	28.1	−16.8	12.3	5.3	242	9.1	200
G-2 平均值/kPa	79	—	40	49	36	13	35	18	14	14
G-3 平均值/kPa	97.6	—	78.3	73.5	51.2	55.1	50.4	62.5	86.9	65.6
相对提升率/%	23.5	—	95.8	50	42.2	324	44	247	521	369
G-2 峰值/kPa	17.2	—	34.7	46.5	32.7	18.9	38.4	30.1	27.8	23.1
G-3 峰值/kPa	112	40.3	111	99.7	79.2	77.5	68.4	109	131	94.5
相对提升率/%	551	—	220	114	142	310	78.1	262	371	309
G-2 稳定值/kPa	75	31	21	21	15	10	10	3	7	8
G-3 稳定值/kPa	96.9	36.5	72.5	46.5	46.4	50.4	26.6	17.8	87.9	40.3
相对提升率/%	29.2	17.7	179	121	209	404	166	493	1156	404

　　根据表 3-15 的数据，随着注浆次数增加，隧洞各典型位置土压力显著提高，由于远端截浆注浆时各位置土压力响应不明显，以下主要说明中隔岩柱和进口左洞注浆中各位置应力平均值、峰值和稳定值的变化。相对于中隔岩柱注浆，进口左洞注浆时各典型位置土压力平均值提升 23.5%～521%，土压力峰值提升 78.1%～551%，土压力稳定值提升 17.7%～1156%。显而易见，随着注浆次数的增加，隧洞各典型位置应力均有不同程度的增大，说明

扰动地层逐步密实，浆液的加固作用得以体现。此外，在各典型位置中，右洞拱顶、中隔岩柱顶部位置和左洞拱顶应力提升率相对较高，反映了浆液的分区域优先扩散特征，为通过多元信息响应特征辨识浆液加固部位奠定了基础。

2）多序次注浆渗透压力动态变化特征

根据图 3-27，统计各序次注浆隧洞典型位置渗透压力初始值、稳定值、峰值及稳定值如表 3-16 所示，探究随注浆次数增加各典型位置渗透压力的变化情况。

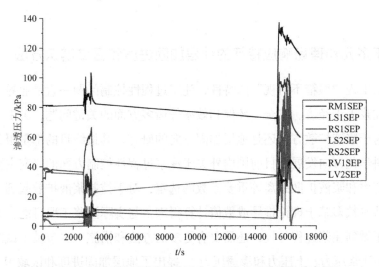

图 3-27　隧洞典型位置渗透压力对多序次注浆的响应曲线

多序次注浆期间隧道典型位置处渗透压力变化统计　　　　　　表 3-16

典型位置	RM1	LS2	LV2	RV1	RS1	RS2	LS1
G-1 初始值/kPa	81.4	38.8	32.2	9.1	6.4	6.4	4.1
G-2 初始值/kPa	81.4	35	36.4	9.1	5.9	6.4	1.8
G-3 初始值/kPa	72.3	33.1	34.1	9.6	—	—	5.1
相对提升率/%	−11.2	−5.4	−6.3	5.5	—	—	183
G-2 平均值/kPa	86.9	8.67	56.2	8.29	25.4	6.05	2.92
G-3 平均值/kPa	125	39.9	91.8	30.6	—	—	67.5
相对提升率/%	43.8	360	63.3	269	—	—	2211
G-2 峰值/kPa	103.2	26.4	66.4	16.2	38.2	6.8	9.8
G-3 峰值/kPa	137	72.9	103	49.5	—	—	98.9
相对提升率/%	32.8	176	55.1	206	—	—	909
G-2 稳定值/kPa	83.3	22.6	44.5	11	8.3	7.3	10.3
G-3 稳定值/kPa	117	22.1	61.1	37.1	—	—	11.5
相对提升率/%	40.5	−2.2	37.3	237	—	—	11.6

根据表 3-16 的数据，随着注浆次数增加，隧洞各典型位置渗透压力显著提高，仍然主要分析中隔岩柱注浆和进口左洞注浆时的渗透压力变化特征。相对于中隔岩柱注浆，进口左洞注浆时各典型位置渗透压力平均值提升 43.8%～2211%，渗透压力峰值提升 32.8%～909%，渗透压力稳定值提升 11.6%～237%，注浆次数的增加带来了浆液的持续性注入，被注介质整体致密性增强，渗透压力整体呈现逐渐增大的趋势，其中，尤以右洞拱顶、和左右洞拱肩位置处渗透压力提升最为明显，说明以上位置处是浆液扩散的重点区域。

3.2.3 基于多元物理场响应特征的地层加固进度和区域辨识方法

鉴于注浆工程"黑箱不可视"的特性，注浆过程性控制问题一直是业界关注的热点和难点，关乎注浆工程经济、安全、环保和效率等诸多方面的关键问题，关乎注浆理论的研究，无论是对于浆液扩散方向还是地层加固方向的研究，其最终目的都是服务于注浆工程向可控化和科学化方向发展。目前国内外关于注浆过程性控制方面的研究主要集中于注浆压力、注浆速率和浆液扩散距离等重要参数的选定，对于控制浆液扩散起到了非常大的作用，但是这些参数多基于理论推导或数值计算得来，与实际注浆工况可能会有一定差距，因此若要真正做到注浆过程可控，还需要有更多的方法和措施。本节基于试验获得的多元物理场信息（注浆压力、土压力和渗透压力），提出了地层加固进度和区域识别方法，用于启示注浆施工中的过程性动态控制。

1. 劈裂阶段注浆压力波动变化机理及类型划分

1）劈裂压力波动变化机理

作者曾依托劈裂注浆模型试验详细研究了劈裂注浆压力的波动机理，并基于开挖揭露的劈裂浆液凝结体对劈裂压力类型进行了划分[9]，现概括介绍如下。

研究表明，劈裂优先发生在地层最薄弱位置[10]，由于注浆对地层的不断加固，地层最薄弱面不断改变，依据开挖揭露的浆液凝结体空间分布特征，将浆液劈裂扩散的过程划分为①浆液扩散形式转换；②主、次生劈裂路径饱和；③新劈裂路径形成以及④后序次劈裂区域饱和 4 个阶段，如图 3-28 所示，基于以上各阶段分别分析了对应的劈裂压力变化特征，并进行了相应的归类。

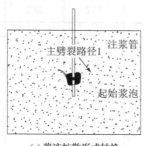
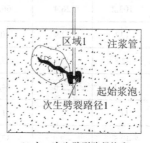

(a) 浆液扩散形式转换　　　　　(b) 主、次生劈裂路径饱和

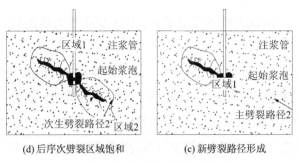

(d) 后序次劈裂区域饱和　　　　　(c) 新劈裂路径形成

图 3-28　浆液劈裂扩散路径

（1）浆液扩散形式转换

如图 3-28（a）所示，浆液以挤密和渗透作用为主，介质孔隙率不断降低，压力逐渐上升至启劈压力值，浆液第 1 次劈裂土体形成主劈裂路径，转而以充填和渗透作用为主，压力迅速下降。

（2）主、次生劈裂路径饱和

如图 3-28（b）所示，主劈裂路径规模逐渐增大，浆液持续充填、渗透进入地层，导致介质孔隙率不断降低，压力逐渐上升，直到主劈裂路径达到饱和状态时，浆液继续在该区域劈裂扩散的难度增大，需要在主劈裂路径周边寻找新的劈裂路径，然后产生后序次劈裂行为，劈裂强度低于区域内主劈裂，在主劈裂路径边缘产生多条次生劈裂路径，故压力又多次经历先升后降的过程，浆液不断凝结加固土体，当浆液能量不足以再劈裂土体时，次生劈裂路径饱和，本劈裂区域最终饱和。

（3）新劈裂路径形成

如图 3-28（c）所示，前序次劈裂区域饱和后，地层整体被加固，致密性提高，浆液需在地层应力状态重新分布后的最弱面发生劈裂开辟新的扩散区域，由于劈裂扩散距离不断增大、扩散通道逐渐变得复杂、介质孔隙率逐渐降低等原因，新的劈裂区域内形成主劈裂路径所需的压力大于前序次区域。

（4）后序次劈裂区域饱和

如图 3-28（d）所示，在主、次生劈裂路径饱和后，新的劈裂区域最终达到饱和状态，浆液因而需要更大的压力在土体应力重分布后寻找新的主劈裂面，形成新的劈裂区域，可以称之为劈裂区域迁移，如此循环直到劈裂注浆结束。

2）主、次生劈裂压力值界定方法

根据以上对于浆液劈裂路径的阐述，可以反推出对应的劈裂压力特点，即浆液在每个扩散区域内首次劈裂（即主劈裂）所需要的压力是本区域内相对最大的，因为浆液在此通道内扩散的时间最长，对应形成浆液凝结体的规模将会最大，在主干浆液凝结体的周边，因为区域内首次劈裂（形成主浆液凝结体）增大了路径周边局部介质的孔隙率，比较容易产生次生劈裂，形成分支浆液凝结体，因为劈裂难度相对较低，次生劈裂压力值相对主劈裂较小。根据以上特点提出了主、次生劈裂压力值的概念，其界定方法详细介绍如下。

定义启劈压力为第 1 次主劈裂压力值P_{z1}，随时间推移，出现的首个大于P_{z1}的注浆压力极大值即为第 2 次主劈裂压力值P_{z2}，如此类推，第n次主劈裂压力值后出现的首个大于P_{zn}的注浆压力极大值即为第$n+1$次主劈裂压力值$P_{z(n+1)}$，介于P_{zn}和$P_{z(n+1)}$之间的时间段为T_{zn}。定义除主劈裂压力值之外的注浆压力极大值即为次生劈裂压力值，按照时间先后顺序定义为$P_{c1} \cdots P_{cn}$，介于P_{cn}和$P_{c(n+1)}$之间的时间段为T_{cn}。

以隧道进口右洞加固注浆为例，根据以上界定方法，在该序次注浆中共出现了 8 次主劈裂压力值，如图 3-29 所示，主劈裂压力对应的数值、发生时刻及持续时间如表 3-16 所示。由于该序次注浆持续时间较长，出现的次生劈裂次数较多，因此不再进行针对性统计。

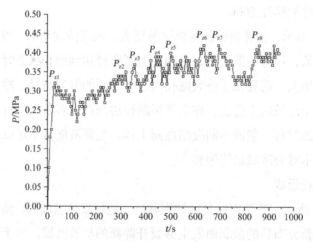

图 3-29　进口右洞加固注浆过程主劈裂压力值

根据图 3-30 和表 3-17，可以大致得出以下结论：

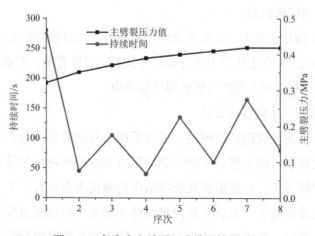

图 3-30　各序次主劈裂压力值及持续时间

主劈裂压力参数统计　　　　　　　　　　　　　表 3-17

序次	时刻/s	时长/s	数值/MPa
P_{Z1}	30	280	0.32
P_{Z2}	310	45	0.35
P_{Z3}	355	105	0.37
P_{Z4}	460	40	0.39
P_{Z5}	500	135	0.4
P_{Z6}	635	60	0.41
P_{Z7}	695	165	0.42
P_{Z8}	860	80	0.42

（1）隧道进口右洞注浆中出现的 8 次主劈裂压力值大致呈递增规律，从 30s 时的 0.32MPa 升高至 860s 时的 0.42MPa，一方面是因为被注地层不断被加固，劈裂难度逐渐增加；另一方面，劈裂注浆的持续进行导致浆液扩散距离逐渐增加、扩散通道逐渐复杂、介质孔隙率逐渐降低，需要更大的压力形成新的主劈裂路径。每次主劈裂的持续时间并没有明显的规律。需要强调的是，根据上一小节对于浆液劈裂扩散路径的分析，出现主劈裂压力意味着会形成局部劈裂区域，即本次注浆试验会出现 8 个劈裂区域，劈裂区域顺序迁移，虽然劈裂区域的规模还无法直接判断，但是可以通过每次主劈裂的持续时间进行大概判断，劈裂区域规模与被注介质条件关系极大。

（2）次生劈裂压力值整体有逐渐升高的趋势，但具体到细部角度来看，次生劈裂压力值无明显规律，参照上一小节的分析可知，这是因为在某劈裂区域内，次生劈裂通常发生在主劈裂路径的分支部位，随着浆液扩散距离的不断增大，被注介质条件持续改变，地层性质的各向异性造成了次生劈裂压力值不规则。

2. 基于注浆压力信息的地层加固进度辨识方法

基于本次注浆试验中的四序次注浆对应的压力变化，结合模拟隧道断层在突水突泥发生后的介质赋存情况，可以将注浆压力变化特征与加固地层的各个阶段对应起来，从而建立起一套基于注浆压力信息的地层加固进度辨识方法，主要包括四个阶段：空隙充填、低压力阶段；空隙完全充填和区域起始劈裂、压力突增阶段；薄弱区内强化劈裂、压力高位波动阶段；区域迁移劈裂、压力波动递增阶段。

图 3-31 为注浆压力变化特征与地层加固进度对应关系的简化示意图，该示意图对地层加固过程做了简化处理，地层孔洞、结构弱面以及劈裂注浆过程形成浆液凝结体等关键要素的尺寸和位置可能与实际情况有区别，忽略分支微浆液凝结体，仅以少量较大尺寸浆液凝结体概化表示，此外，示意图并未区分单孔多次注浆和多孔多次注浆，因为示意图中是地层局部小范围内的加固情况，两种工况下局部小范围内注浆压力变化特征与地层加固

进度对应关系区别不大，现将 4 个阶段的注浆压力特征和地层加固进度特征分别详细阐明如下。

（1）第一阶段：空隙充填、低压力阶段。突水突泥发生后，由于地层中部分地下水和断层介质的流失，地层局部区域产生了一定规模的孔洞、结构弱面，该区域整体空隙率较高，为相对薄弱区域，浆液进入地层后，其作用形式可能为充填、渗透、挤密或者劈裂，但在该区域内浆液以充填形式扩散消耗能量最低，因此浆液优先充填区域内部的孔洞、结构弱面，可能伴随一定的渗透作用，仅需要克服浆液自身黏滞阻力、浆-岩界面的摩擦阻力及可能存在的自身重力等因素，因此对注浆压力要求比较低。

（2）第二阶段：空隙完全充填和区域起始劈裂、压力突增阶段。随着浆液的持续注入，薄弱区域的原有孔洞和结构弱面逐渐被完全充填，但该区域内的介质整体还是非常松散，需要进一步加固，浆液在扩散难度增加无法继续充填的情况下，转而以挤密和劈裂形式扩散，但产生劈裂路径需要克服地层应力和介质黏聚力的影响，需要较高的注浆压力，因此该阶段的末尾注浆压力陡增，需要注意的是，该阶段的劈裂通常会发生在原有孔洞、结构弱面的周边，该区域介质致密性相对较差，黏聚力较低，因此劈裂压力也处于相对较低的水平。

（3）第三阶段：薄弱区域内强化劈裂、压力高位波动阶段。浆液继续进入，随着孔洞、结构弱面周边小范围内的"饱和"加固，浆液劈裂开始向远端推进，但是由于薄弱区域内介质整体还是相对松散，该阶段劈裂还是主要集中在此区域内，受突水突泥的影响，介质性质具有强烈的各向异性，应力状态和黏聚力均有较大区别，受其影响，注浆压力出现波动现象，但发生劈裂需要较高的压力，因此该阶段的注浆压力呈现高位波动特征。

（4）第四阶段：区域迁移劈裂、压力波动递增阶段。整个薄弱区域内实现"饱和"加固后，介质已由加固前的相对松散变为加固后的相对致密，在浆液持续进入的情况下需要寻找新的"相对薄弱区域"，即突水突泥后的原致密区域，可以称之为浆液劈裂的区域迁移，该区域内介质较为致密，应力状态和黏聚力差异相对较小，在此区域内发生劈裂需要比之前更高的注浆压力，且随着浆液的持续注入，致密性逐渐增强，孔隙率降低，劈裂压力因此呈不断上升的趋势，但劈裂注浆的作用特征又使得压力出现一定的波动，因此总体呈现波动递增的状态。

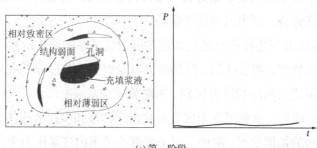

(a) 第一阶段

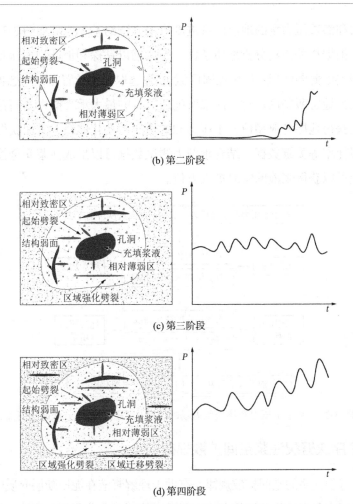

(b) 第二阶段

(c) 第三阶段

(d) 第四阶段

图 3-31　注浆压力变化特征与地层加固进度对应关系简化示意图

由于注浆加固作用，整个地层包括相对薄弱区域和相对致密区域在四个阶段孔隙率呈逐步递减趋势

3. 基于土压力和渗透压力场的地层加固区域辨识方法

结合前文对于注浆过程土压力和渗透压力场变化特征的分析，其对于浆液进入地层有着实时、直接的反应，因为浆液加固地层最直观的表现就是地层致密性提升，进而导致土压力和渗透压力变化，这为辨识地层加固区域建立了基础。

基于注浆压力的地层加固进度辨识方法主要基于宏观上地层加固的渐进特征，注浆压力变化的不同特征对应浆液加固地层的不同时期，基于上一节的分析，注浆压力可以反映地层加固的四个主要阶段，包括薄弱区内强化劈裂和区域迁移等关键环节，这为制定注浆结束标准提供了重要信息，但是基于注浆压力的地层加固进度辨识方法无法判断浆液加固地层的实时发生方位以及浆液注入过程对地层施加的荷载，而此两项信息对于注浆过程安全性控制具有重要参考价值，因此针对性提出基于土压力和渗透压力场变化特征的地层加固区域辨识方法，可以从相对微观角度判断浆液进入地层的实时方位以及对于地层产生的荷载，为制定注浆安全控制标准提供重要信息。

基于土压力和渗透压力场的地层区域进度辨识方法的基本原理如图 3-32 所示。针对被加固地层，首先根据相关资料分析地质条件，然后辅以钻探和地球物理探测等相关综合探测手段划定地层关键薄弱区域（目标加固区域），并选取典型位置布设传感器，通过承载力测试试验大概获得地层薄弱区域对于注浆所施加荷载的最大承受能力。随着注浆过程实施，可以通过传感器获得地层各典型位置土压力和渗透压力变化曲线，进而获得相应的应力增量和注浆压力损耗率等关键数据，结合承载力测试数据可以形成注浆安全控制标准，结合传感器布设位置可以获得浆液的实时进入方位。

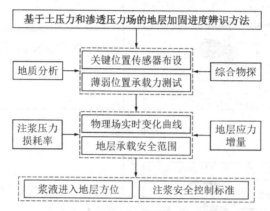

图 3-32　基于土压力和渗透压力场的地层加固区域辨识方法原理简图

3.2.4　灾后多序次劈裂注浆空间扩散规律

分析多序次劈裂注浆的空间扩散规律，有助于理解浆液在泥质断层介质中的扩散倾向，并与前文的注浆压力和多元物理场信息建立联系，验证以上分析的正确性，具有重要价值。鉴于注浆过程的不可视性，在注浆结束后对加固体进行开挖进而揭露浆液凝结体的空间扩散形态成为分析注浆试验中浆液扩散规律的主要手段，本试验在注浆实施结束 24h 后进行注浆加固体开挖，开挖方式为由上及下分层开挖，获得的浆液凝结体空间分布规律分析如下。

1. 突泥塌腔及软弱破碎区域优先充填扩散规律

1）塌腔充填体 A

按照由上及下的开挖步骤，在距离装置顶部 8cm 的横断面首先揭露了浆液对突泥后形成的塌腔的充填体 A，其界面十分明显，内部浆液凝结体颜色为褐红色，说明其主要由于 J-1 序次注浆充填形成，其展布形态如图 3-33 所示。

根据图 3-33，塌腔充填体 A 整体呈现类似椭圆状形态，其尺寸较大，横向尺寸最高可达 40cm，纵向尺寸最高可达 50cm。说明泥质断层在突水突泥后可能会形成大规模的塌腔，其内部介质大量流失，赋存状态十分不稳定，若不及时进行加固处理极易诱发二次灾害。大尺寸塌腔充填体 A 的形成也与 J-1 序次注浆不起压的现象相对应，印证了"空隙充填、低压力阶段"作为基于注浆压力信息的地层加固进度辨识方法中一部分的合理性。

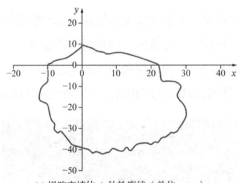

(a) 塌腔充填体 A 外轮廓线（单位：cm）

(b) 塌腔充填体 A 实拍图

图 3-33　塌腔充填体 A 空间展布形态

此外，塌腔充填体 A 的形成补偿了突水突泥过程中大量颗粒介质的流失，为后序次注浆高压反复劈裂、强化加固薄弱区域提供了"外部密闭空间"，可以很好地规避"跑浆"现象。

2）软弱破碎区域胶结带

继续向下开挖，可以揭露出一条较大尺寸规模的软弱破碎区域胶结带，高度大约为 18cm，其关键尺寸界线如图 3-34（a）所示，胶结带内部以粒状或小区域充填、渗透为主，如图 3-34（b）所示。

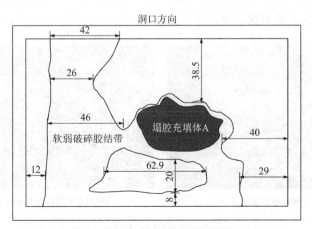

(a) 软弱破碎区域胶结带关键尺寸界线（单位：cm）

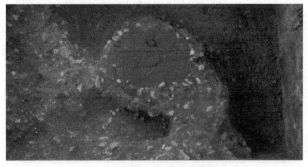

(b) 软弱破碎区域胶结带实拍图

图 3-34　软弱破碎区域胶结带空间展布形态

软弱破碎区域胶结带的形成主要是由于突泥中塌腔的形成极大地扰动了周围地层的原始赋存状态，且造成了一定数量的介质颗粒流失，形成了一定范围内的软弱破碎区域，该区域的浆液扩散优先级仅次于塌腔体。通过进行细部开挖，发现该区域的浆液凝结体主要为蓝色或者黄色，如图 3-35 所示，这主要是由注浆管与薄弱区域的空间相对位置以及联通性决定的。

图 3-35 软弱破碎区域胶结带粒状或小区域充填、渗透作用

3）塌腔充填体 B

继续破除软弱破碎区域胶结带，在距离塌腔充填体 A 左侧 5cm 处揭露了塌腔充填体 B，其横向跨度大约 34cm，纵向跨度大约 19cm，如图 3-36 所示，内部浆液凝结体颜色主要为蓝色，显示了其主要来源于 R-1 序次注浆。

(a) 塌腔充填体 B 实拍图　　　　　　　　(b) 塌腔充填体 A 与 B 相对位置图

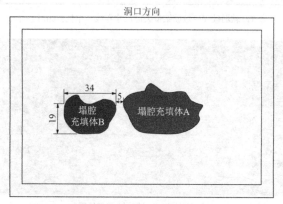

(c) 塌腔充填体 B 外轮廓线及关键尺寸（单位：cm）

图 3-36 塌腔充填体 B 空间展布形态

4）塌腔充填体 A 和 B 的立体形态

继续向下开挖，破除软弱破碎区域胶结带，保留塌腔充填体 A 和 B 轮廓，可以获得塌腔充填体 A 和 B 的立体形态，如图 3-37 所示。

图 3-37　塌腔充填体 A 和 B 的立体形态

由图 3-37 可以看出，突泥形成的塌腔并非贯穿式的，突水突泥中介质的流失使得原有地层有一定程度的塌陷，形成局部空腔，在与注浆影响区域联通的前提下，注浆中将优先充填此空腔区域。

如图 3-38 所示，进一步剖离塌腔充填体 B，纯浆体部分高度 14cm，长度约 33cm，最宽处约 27cm，最窄处约 11cm；浆土胶结体部分高度 15cm，长度约 49cm，最宽处约 31cm，最窄处约 24cm。剖离塌腔充填体 A，高度 31cm，底部长度 28cm，宽度 20cm，顶部长度 47cm，宽度 35cm。

图 3-38　塌腔充填体 A 和 B 剖离图

在塌腔充填体 A 和 B 的底部，出现了多条浆液凝结体，蓝色最多，红色、绿色和黄色其次，如图 3-39 所示，进一步说明塌腔充填体为后序次注浆高压反复劈裂、强化加固薄弱区域提供了"外部密闭空间"。

图 3-39 塌腔充填体 A 和 B 底部的劈裂浆液凝结体

2. 多序次劈裂注浆扩散规律

继续开挖塌腔充填体以下加固体部分，可以先后揭露预置的 4 根注浆管以及相应的加固区域，如图 3-40 和图 3-41 所示，可以明显看出，实施注浆加固后在环预置注浆管区域形成了一个加固带，平均宽度约 27.5cm，平均高度约 29.5cm，加固带内有大量的各色劈裂浆液凝结体生成。

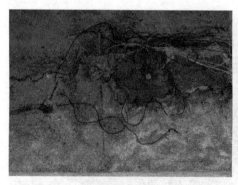

图 3-40 开挖揭露 J-1 注浆管

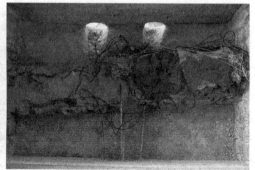

图 3-41 开挖揭露全部预置注浆管

得益于 J-1 注浆管在洞周远端提前封堵塌腔以及周边松散区域，起到了"远部阻浆"的作用，远端介质强度大幅提升，后续注入浆液（M-1、L-1 和 R-1 序次注浆）在近端封闭体内反复渗透、充填和劈裂，形成了交叉劈裂浆液凝结体，如图 3-42 所示，通过挤压致密和骨架支撑作用对洞周软弱围岩进行强化加固。

图 3-42　开挖揭露交叉劈裂浆液凝结体

继续剖离注浆加固带，可以揭露反复劈裂与塌腔充填联合加固体，如图 3-43 所示，其宽度为 36cm。左端距离左壁 51cm，右端距离右壁 33cm，前端距离前壁 26cm，后端距离后壁 38cm。左侧加固体超出 R-1 注浆管 10m，右侧加固体超出 L-1 注浆管 30cm（含塌腔体），顶部加固体超出 J-1 注浆管 11cm。该加固区域内浆液凝结体数量最多、介质致密性最高，是核心加固区域，覆盖模拟隧道左、右洞开挖区域，可以保证隧道开挖的顺利进行。

图 3-43　反复劈裂与塌腔充填联合加固体

3.3 | 试验结论

（1）设计了一套泥质断层劈裂注浆扩散物理模拟试验系统，由供水模块、地应力加载模块、灾害发生及处治模块、注浆模块和响应参数采集模块五部分构成，将真实隧道按 1 ∶ 60 等比例缩小，并使用了相应的普通围岩及断层围岩介质相似材料，在考虑动水环境和地应力加载因素影响的基础上，试验首次实现了隧道断层突水突泥灾后模拟注浆治理。

（2）介质填充采用了以水、砂、重晶石粉、滑石粉、水泥和乳胶为主材的模拟隧道围岩材料，以及以水、砂、滑石粉、膨润土、石膏和液态石蜡为主要成分的模拟隧道断层材料；模拟注浆过程采用了远端截浆及浅部分区加固注浆设计理念，共实施了四序次注浆，并通过多孔注浆辨识方法区分各序次注入浆液，便于分析相应的浆液扩散规律。

（3）获得了充填为主，结合充填-劈裂联合作用、劈裂-充填-挤密-劈裂联合作用的三种典型注浆作用形式下对应的注浆压力变化特征曲线，并得出结论：注浆压力的变化主要由注浆孔空间位置差异、浆液注入时被注介质条件差异以及受前序次注浆影响所致；获得了多序次注浆压力变化规律，三序次平均注浆压力值由 0.1MPa、0.24MPa 至 0.34MPa 逐渐提升，压力提升率与理论计算结果大约一致，验证了理论计算模型的正确性，这是由于对于同一地层，随着注浆次数的增加，注浆的加固效应显现，地层致密性不断提高，浆液劈裂被注介质的难度不断加大，需要更高的浆液压力提供更强的劈裂能力。

（4）获得了隧道典型位置土压力和渗透压力数据对于各序次注浆的响应规律，为表征注浆对于地层产生的荷载大小，提出了应力增量、应力增长率和注浆压力损耗率等概念，可以直观反映注浆压力在隧道各典型位置处引起的应力增量，判断注浆中各位置应力是否超过了地层极限承载力，进而实时反馈调整注浆压力，保证注浆施工安全；此外，还获得了多序次注浆土压力和渗透压力的递增变化规律，例如相对于中隔岩柱注浆，进口左洞注浆时各典型位置土压力平均值提升 23.5%~521%，渗透压力平均值提升 43.8%~2211%，主要原因是：随着注浆次数的增加，隧洞各典型位置应力均有不同程度的增大，说明扰动地层的逐步密实，浆液的加固作用得以体现。

（5）将浆液劈裂扩散全过程划分为①浆液扩散形式转换；②主、次生劈裂路径饱和；③新劈裂路径形成以及④后序次劈裂区域饱和 4 个代表性阶段，提出了主、次生压力值的概念及其界定方法。提出了基于①空隙充填、低压力阶段；②空隙完全充填和区域起始劈裂、压力突增阶段；③薄弱区内强化劈裂、压力高位波动阶段；④区域迁移劈裂、压力波动递增阶段的地层加固进度辨识方法。提出了基于土压力和渗透压力场的地层加固区域辨识方法。

（6）通过注浆结束后对加固体进行开挖揭露了浆液凝结体的空间分布形态，总结了突泥塌腔及软弱破碎区域优先充填扩散规律和封闭空间加固区域内多序次劈裂注浆扩散规律，验证了基于多元物理场信息提出的浆液劈裂扩散特征的正确性。

参考文献

[1] 郭炎伟, 贺少辉, 张安康, 等. 劈裂注浆复合土体三维等效弹性模型理论研究[J]. 岩土力学, 2016, 37(7): 1877-1886.

[2] 郭炎伟. 注浆加固止的力学模型及隧道工程应用研究[D]. 北京: 北京交通大学, 2016.

[3] 阮文军. 注浆扩散与浆液若干基本性能研究[J]. 岩土工程学报, 2005, 27(1): 69-73.

[4] 李术才, 王凯, 李利平, 等. 海底隧道新型可拓展突水模型试验系统的研制及应用[J]. 岩石力学与工

程学报, 2014, 33(12): 2409-2418.

[5] 李术才, 周毅, 李利平, 等. 地下工程流-固耦合模型试验新型相似材料的研制及应用[J]. 岩石力学与工程学报, 2012, 31(6): 1128-1137.

[6] 王德明, 张庆松, 张霄, 等. 断层破碎带隧道突水突泥灾变演化模型试验研究[J]. 岩土力学, 2016, 37(10): 2851-2860.

[7] 张民庆, 孙国庆. 高压富水断层注浆效果检查评定方法及标准研究[J]. 铁道工程学报, 2009 (11): 50-55.

[8] 薛翊国, 李术才, 苏茂鑫, 等. 青岛胶州湾海底隧道涌水断层注浆效果综合检验方法研究[J]. 岩石力学与工程学报, 2011, 30(7): 1382-1388.

[9] 李鹏, 张庆松, 张霄, 等. 基于模型试验的劈裂注浆机制分析[J]. 岩土力学, 2014, 35(11): 3221-3230.

[10] 程盼, 邹金锋, 李亮, 等. 冲积层中劈裂注浆现场模型试验[J]. 地球科学—中国地质大学学报, 2013, 38(3): 649-653.

第 4 章

隧道工程全断面注浆模拟试验[1-9]

4.1 | 试验设计

4.1.1 依托工程概况

工程概况详见 1.1.1 节。

4.1.2 试验仪器

研发大规模三维隧道突水突泥灾后帷幕注浆处治模拟试验系统。

1. 主体试验装置

主体试验装置将江西吉莲高速永莲隧道按照 1：20 比例缩小，根据隧道实际尺寸，主体试验装置的尺寸确定为长 × 宽 × 高 = 8m × 4.5m × 5m，装置基础设计为平板式筏板基础，墙体及基础材料使用 C30 混凝土，采用双层双向配筋方案，可以充分满足在较高地应力和注浆压力条件下开展试验的要求，使用聚氨酯材料进行墙体内部的防水工作。同样根据相似比的要求设计模拟隧道左、右洞口（洞口尺寸为 0.74m × 0.60m），使用高强度钢化玻璃预留洞口轮廓，并通过可拆卸钢隔板进行固定。主体试验装置建造过程及建成情况如图 4-1 所示。

(a) 平板式筏板基础

(b) 墙体双层双向配筋

(c) 主体试验装置建成外观图

(d) 超大规模试验外景

图 4-1 主体试验装置建造过程及建成情况

2. 地应力加载与动水供给

同样根据相似比的要求，模型试验中覆土厚度应为 9m，综合考虑试验场地容纳能力，本试验设计覆土厚度为 2.9m，借助全自动液压加载控制系统补足剩余部分的地应力。全自动液压加载控制系统包括液压加载控制站、千斤顶、高压油泵、油箱、分油器以及液压传感器等关键组件，如图 4-2 所示。

根据江西永莲隧道水文地质条件勘察结果，隧道拱顶处的水头高度约为 130m，根据相似比的要求以及洞口设计尺寸，模型试验中需施加的水头高度应为 8.05m，综合考虑尺寸以及空间布局，模型试验的水头供给通过室外设置供水水箱（尺寸为 3m×2m×2m）来实现，恒定水头的实现方式为：为供水水箱不间断泵送水源，通过溢流管保持恒定的水头高度。

图 4-2 全自动液压加载控制系统

3. 多元信息实时监测

为辅助分析突水突泥发生机理以及浆液在被注介质中的动态过程性扩散特征，需要对试验中的多元信息进行实时监测，包括注浆压力和浆液注入速率、土压力、渗透压力、应变以及位移等关键数据。

本次试验在沿隧道方向共设计 5 个监测断面，其中 2 个断面位于模拟围岩内部，2 个断面位于模拟断层内部，另外 1 个断面位于模拟断层和围岩交界处。每个监测断面设置 4 个监测环，针对隧道拱肩、拱顶、拱腰和拱底等关键位置分别在洞周、1 倍洞径、2 倍洞径以及 3 倍洞径处布置位移传感器、土压力传感器、渗透压力传感器以及应变砖，监测多元信息，传感器埋设过程如图 4-3 所示。

图 4-3 传感器埋设过程

此外，为直观获取注浆期间隧道拱周的变形量，在隧道进口左洞三个里程处设计了位移监测面，因为在较小空间内传感器布设难度极大，仅在拱底、拱腰位置处布设位移传感器，为了在较小空间获取隧道变形数据，本试验创新性地采用了一种新型的拱周位移监测方式，通过位移传感器、钢丝线和固定钢架配合实现，如图 4-4 所示。

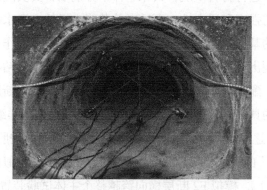

图 4-4 隧道拱周位移监测新的实现方式

监测数据的采集以及记录借助 4 台应变采集仪和计算机实现，此外，为了更加直观地实时监测多元信息，通过多块大尺寸显示面板实现了采集信息的实时投射，如图 4-5 所示，便于观察并根据监测信息实时调整注浆方案。

图 4-5 采集多元信息实时投射

4. 注浆装置

注浆所使用的装置主要包括活塞式手动注浆泵、特制注浆小管、浆液输送管路、参数量测设备以及浆液储存、搅拌容器等。其中，注浆小管管径为 10mm，与通用管路（ϕ20mm）通过精细化焊接工艺衔接，成功地解决了管路变径和高压密封难题，此外，小管管壁开设一定数量的小孔，以模拟实际注浆工程采用的花孔式注浆工艺；活塞式手动注浆泵由山东交通学院机械厂定制生产，可通过调节压动频率控制浆液流量，具备可起高压、浆液流量可控、操作简单、冲洗方便等优点。

4.2 | 试验与结果分析

4.2.1 隧道断层突水突泥灾后全断面帷幕注浆设计方案

1. 材料填筑及突水突泥灾害[10]

试验采用相似材料进行材料填筑，其原岩样本分别取自真实隧道中的普通围岩和断层围岩，前者具备一定的强度和透水性，而后者承载能力极低，遇水时易发生软化和崩解。在进行大量配比试验的基础上，以水泥和乳胶等非亲水性有机剂作为胶粘剂，以砂、土和重晶石粉为骨料，配制出了普通围岩相似材料；以石蜡油作为胶粘剂，以砂、土及粉煤灰为骨料，加以拌合水，配制出了断层围岩相似材料，可以模拟出断层围岩遇水缓慢崩解弱化的性质。相似材料的具体研制过程以及相关性质在文献[10]中详细论述。

基于"分层填筑、逐层夯实"的填筑方法，从隧道进口方向按照"普通围岩-过渡带-F2断层-过渡带-普通围岩"的次序依次填筑，其中，过渡带由围岩相似材料与断层相似材料混合而成（质量比为 2：1），模拟 F2 断层横向跨越整个主体试验装置空间，其关键参数为：宽度 1.2m，与隧道轴线的角度为 85°，倾角为 90°，左、右洞口距离断层的长度分别为 1.23m和 1.53m。

参照永莲隧道实际开挖方案，试验采用台阶法进行开挖，上台阶和下台阶的高度分别为 25.7cm 和 19.3cm，台阶长度 40cm，开挖循环进尺 5cm，每循环进尺结束后待监测数据稳定后继续进行下一进尺的开挖，直到完全揭露模拟断层部分。并最终在开挖揭露断层约27min 后，拱顶及掌子面渗水缓慢增加，拱顶偏右位置出现股状涌水点，在地下水的持续冲刷下，出水点范围逐渐增大，并开始携带泥化断层介质而出，进而导致小规模塌方，最终导致大规模突水突泥发生，如图 4-6 所示。

2. 模拟全断面帷幕注浆治理设计方案

试验拟采用全断面帷幕注浆方法对突水突泥后受到强烈扰动的地层实施系统加固，考虑空间因素，将被加固区域覆盖在一个注浆段内，由于试验室注浆与实际注浆之间没有相似准则可以遵循，试验注浆参数的选定多基于已有试验经验积累以及前期试验测定。

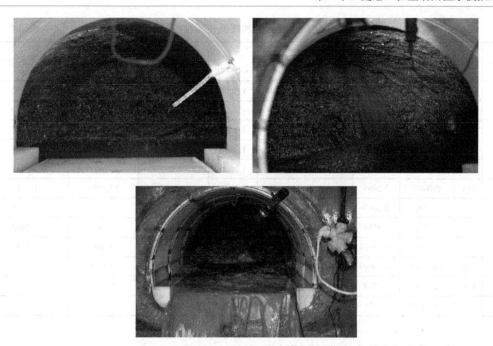

图 4-6　开挖揭露断层并引发大规模突水突泥照片

其中，浆液扩散半径选定为 0.2m。根据前人总结的经验公式以及试验中隧道设计洞径 $D = 0.6m$，本试验中隧道帷幕注浆实施时的注浆加固范围为 $B = (2\sim3)D = 1.2\sim1.8m$；则帷幕注浆加固圈厚度为 $B_1 = (B-D)/2 = 0.3\sim0.6m$。据此，本试验中帷幕注浆加固段长设计为 1.2m，可以覆盖整个断层区域，且通过浆液的扩散效应可以实现对普通围岩和断层围岩搭接处的加固，加固圈厚度选定为 0.4m。为充分满足对薄弱区域系统加固的要求，本次注浆试验拟在进口左洞设计 3 环帷幕注浆孔（A 环、B 环和 C 环），注浆孔总计 12 个，开孔和终孔位置如图 4-7 所示，开孔和终孔位置坐标统计如表 4-1 所示。受空间限制，为减小工作量，底板位置不做加固处理。

参照实际注浆工程效果以及考虑动水条件，本次试验注浆选用水泥-水玻璃双液浆（配合比 1∶1），掌子面空间较小，为了便于操作，注浆采用一次性成孔工艺，通过在注浆管壁开设一定数量的花孔来实现对注浆管覆盖区域的全面加固。注浆速率设计为 3L/min，注浆压力不超过 1.5MPa，可根据试验进程灵活调整注浆结束标准。

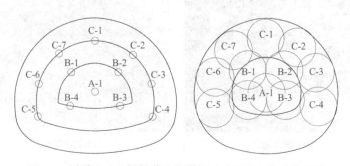

图 4-7　隧道进口左洞帷幕注浆模拟试验开孔和终孔位置图

序号	孔号	钻孔开孔点坐标/m		钻孔终孔点坐标/m		注浆段长/m	钻孔偏角/°	钻孔立角/°	注浆孔长度/m
		x	y	x	y				
1	A-1	0.0000	0.0000	0.0000	0.0000	1.2000	0.0000	0.0000	1.2000
2	B-1	−0.1100	0.1300	−0.2000	0.2350	1.2000	−4.3000	5.0000	1.2079
3	B-2	0.1083	0.1304	0.1903	0.2341	1.2000	3.9000	4.9000	1.2073
4	B-3	0.1154	−0.0191	0.2056	−0.0752	1.2000	4.3000	−2.7000	1.2047
5	B-4	−0.1135	−0.0195	−0.2001	−0.0752	1.2000	−4.1000	−2.7000	1.2044
6	C-1	0.0000	0.2695	0.0000	0.5606	1.2000	0.0000	13.6000	1.2348
7	C-2	0.1740	0.2067	0.3318	0.4698	1.2000	7.5000	12.3000	1.2386
8	C-3	0.2578	0.0784	0.5425	0.2087	1.2000	13.3000	6.0000	1.2402
9	C-4	0.2625	−0.0669	0.5594	−0.1407	1.2000	13.9000	−3.4000	1.2384
10	C-5	−0.2625	−0.0669	−0.5240	−0.2165	1.2000	−12.3000	−6.9000	1.2372
11	C-6	−0.2582	0.0774	−0.5746	0.1329	1.2000	−14.8000	2.6000	1.2423
12	C-7	−0.1650	0.2131	−0.3554	0.4403	1.2000	−9.0000	10.6000	1.2361

隧道进口左洞开孔和终孔位置坐标统计　　　　表 4-1

4.2.2　模拟灾后隧道全断面帷幕注浆实施

1.隧道突泥体清淤及掌子面回填反压

突水突泥试验结束后静置 48h，通过相关监测数据判断被扰动地层重新达到稳定状态以后开始隧道突泥体清淤工作，为随后的帷幕注浆试验提供操作空间，实施过程如图 4-8 所示。

(a) 隧道突泥体

(b) 突泥体清除

(c) 突泥体运出

(d) 清淤完成

图 4-8　隧道突泥体清淤过程

突水突泥过程中大量断层介质被动水携带出来，可能导致掌子面前方地层非常松散薄弱，甚至会出现一定数量的孔洞，注浆特别是劈裂注浆实质上对地层是一个"先破坏后加固"的过程，若在此种状态下直接实施注浆，可能会导致地层无法承受较高的注浆压力，使得注浆效果适得其反，诱发后续灾害。因此，采用掌子面回填反压法，将已清除的突泥体进行晾晒处理后回填至掌子面，在掌子面后方形成一定厚度的"保护墙"，回填层的厚度为 8cm，如图 4-9 所示，使后续注浆在较高压力下进行。

图 4-9　隧道掌子面回填反压

同样出于提高掌子面承压能力的考虑，在掌子面位置处构筑止浆墙，材料选用混凝土，止浆墙厚度设定为 3cm，砌筑完成后静置 24h 待混凝土强度提升至较高程度后进行下一步操作。止浆墙砌筑过程如图 4-10 所示。

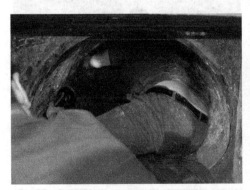 

图 4-10　掌子面止浆墙砌筑过程

2. 进口左洞帷幕注浆实施

待止浆墙有较高强度之后按照设计参数布置注浆管，然后开始实施帷幕注浆试验。注浆需要试验人员 7 名，包括总指挥 1 名，浆液配制人员 1 名，记录人员 1 名，注浆泵操作人员 2 名，摄像人员 1 名，监测系统控制人员 1 名。帷幕注浆试验实施过程如图 4-11 所示。依据设计参数，先后完成了 9 序次注浆（某些设计序次注浆受前序次注浆扩散影响未能成功实施），成功实施的注浆序次具体信息如表 4-2 所示。左洞帷幕注浆试验累计注入水泥浆液 343.3kg，注入水玻璃浆液 299.0kg，共 642.3kg。

进口左洞帷幕注浆实施各序次信息 表 4-2

序次	材料	注浆速率	起始时间	终止时间	浆液注入量	备注
A-1	C-S	3L/min	7月26日 15:21	7月26日 15:24	水泥浆液 6.4kg 水玻璃 5.57kg	无异常
B-4	C-S	3L/min	7月26日 16:25	7月26日 16:33	水泥浆液 11.8kg 水玻璃 10.28kg	掌子面右上角跑浆
B-4 补充	C-S	3L/min	7月27日 09:22	7月27日 09:25	水泥浆液 16.2kg 水玻璃 14.11kg	掌子面左、右上角跑浆
B-3	C-S	3L/min	7月27日 14:54	7月27日 14:59	水泥浆液 17.4kg 水玻璃 15.16kg	无异常
B-3 补充	C-S	3L/min	7月27日 16:00	7月27日 16:07	水泥浆液 28kg 水玻璃 24.39kg	无异常
B-2	C-S	3L/min	7月28日 09:00	7月28日 09:07	水泥浆液 29kg 水玻璃 25.26kg	无异常
B-2 补充	C-S	3L/min	7月28日 14:47	7月28日 15:02	水泥浆液 80kg 水玻璃 69.68kg	无异常
C-8	C-S	3L/min	7月28日 16:55	7月28日 17:08	水泥浆液 66.2kg 水玻璃 57.66kg	无异常
C-4	C-S	3L/min	7月29日 09:32	7月29日 09:52	水泥浆液 83.3kg 水玻璃 76.91kg	无异常

(a) 水泥添加

(b) 浆液配制

(c) 注浆管路埋设

(d) 监测系统控制

(e) 相关信息记录　　　　　　　　　　　　　　(f) 注浆进程控制

(g) 帷幕注浆实施人员配置　　　　　　　　　　(h) 帷幕注浆完成

图 4-11　帷幕注浆试验实施过程

4.2.3　模拟加固后隧道开挖

1. 开挖方法

进口左洞帷幕注浆试验结束后静置 48h，待注浆加固体强度较高后进行开挖工作，仍然采用台阶法开挖，破除止浆墙后循环间歇进行，为保证开挖人员人身安全，每开挖行进 40cm 施作衬砌，从开挖起始位置（距离洞口 111cm）到恰好穿越模拟断层（距离洞口 243cm）计算，累计开挖长度为 132cm，开挖关键环节及参数如表 4-3 所示。

进口左洞注浆加固体开挖关键环节及参数　　　　　　　　　　表 4-3

项目	重要参数	备注
破除止浆墙	2015 年 7 月 30 日　8:30—10:15	
破除注浆管	避免对雷达信号产生影响	
衬砌跟进	每推进 40cm 施作一次	水泥
上台阶	高度 34.2cm	
下台阶	高度 39.8cm	
台阶长度	30cm	
每循环开挖长度	20cm	

项目	重要参数	备注
循环间歇时间	2～10min，根据围岩变形稳定程度确定	
累计开挖长度	132cm；距离洞口243cm时停止	
地质雷达探测	每推进20cm探测一次	

2. 开挖过程及揭露浆液凝结体分布特征

鉴于注浆加固体强度极高，开挖工具选择电钻和特制开挖工具，破除止浆墙后，开挖过程共分11个开挖步进行，如图4-12所示，各开挖步的具体进程信息如表4-4所示。为研究注浆对于断层的加固特征的影响，开挖过程中在每个开挖步选取代表性断面揭露浆液凝结体分布特征。

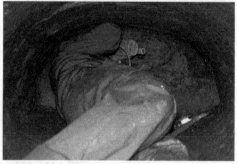

图4-12 止浆墙破除与隧道开挖掘进

进口左洞各开挖步具体进程信息 表4-4

开挖步	开挖长度	位置	上台阶累计	下台阶累计	起止时间	揭露浆液凝结体断面
1	50cm	上台阶	50cm	0cm	7月30日 14:33—16:30	a. 距洞口120cm b. 距洞口138cm c. 距洞口161cm
2	20cm	下台阶	50cm	20cm	7月31日 08:15—08:35	a. 距洞口111cm b. 距洞口131cm
3	20cm	上台阶	70cm	20cm	7月31日 08:45—09:15	a. 距洞口181cm 备注：上台阶距洞口180～200cm区段右上角出现大面积浆块挤密区
4	20cm	下台阶	70cm	40cm	7月31日 09:30—09:42	a. 距洞口151cm
5	9cm	上台阶	79cm	40cm	7月31日 09:57—10:32	a. 距洞口190cm
6	11cm	上台阶	90cm	40cm	8月1日 14:42—15:10	b. 距洞口201cm
7	20cm	下台阶	90cm	60cm	8月1日 15:45—15:55	a. 距洞口171cm
8	20cm	上台阶	110cm	60cm	8月1日 16:05—16:25	a. 距洞口221cm

开挖步	开挖长度	位置	上台阶累计	下台阶累计	起止时间	揭露浆液凝结体断面
9	20cm	下台阶	110cm	80cm	8 月 2 日 08:10—08:28	a. 距洞口 191cm
10	7cm	上台阶	117cm	80cm	8 月 2 日 08:44—09:20	a. 距洞口 228cm
11	15cm 52cm	上、下台阶	132cm	132cm	8 月 2 日 09:26—10:25	a. 台阶切平，距洞口 243cm

1）各开挖断面浆液凝结体分布特征

开挖过程中覆盖断层区域的注浆加固体非常坚硬，相比于注浆加固前强度明显提升，在该试验中主要通过形成劈裂浆液凝结体加固断层。选取掘进过程中的 4 个代表性断面浆液凝结体，分布特征如图 4-13 所示，劈裂浆液凝结体由注浆孔处开始发展、延伸，长度可以覆盖整个掌子面区域，宽度可达 2cm，各序次注浆形成的浆液凝结体纵横交错，提供支撑作用，临近浆液凝结体处的原松散断层介质在浆液凝结体的挤压下变得密实、坚硬。浆液凝结体的数量、尺寸及延伸特征随着开挖里程的不断增加而逐渐变化，这主要是由于突水突泥造成了被注介质具有较强的各向异性。

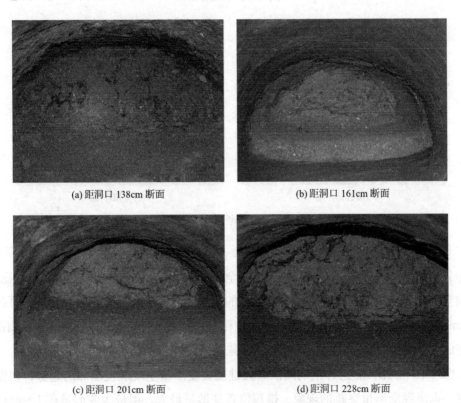

(a) 距洞口 138cm 断面　　　　　　　　(b) 距洞口 161cm 断面

(c) 距洞口 201cm 断面　　　　　　　　(d) 距洞口 228cm 断面

图 4-13　各典型掘进断面揭露浆液凝结体分布

2）注浆对于断层介质的加固形式

通过剖分隧道掘进过程中获得的注浆加固块体，可以将本试验中注浆对于断层介质的加固作用形式划分为三种：浆液凝结体支撑作用、胶结作用和充填作用。对于较为致密且尺寸较小的介质颗粒，浆液主要通过劈裂作用形成大尺寸浆液凝结体提供支撑作用，另一方面也可以通过其挤压作用使得被注介质更为密实，如图 4-14（a）所示；对于相对松散且尺寸较大的介质颗粒，浆液主要通过渗透胶结作用形式将松散介质连接成一个整体，提高其强度，如图 4-14（b）所示；对于突水突泥中因介质流失而形成的较大空隙，浆液通过充填作用形成大尺寸浆块提供介质整体强度，如图 4-14（c）所示。

(a) 浆液凝结体支撑作用

(b) 胶结作用   (c) 充填作用

图 4-14 　注浆对于断层介质的加固形式

3. 开挖期间围岩变形监测

为分析注浆加固效果并保证开挖人员安全，开挖期间通过监测围岩变形分析其稳定性。受隧洞空间和开挖操作限制，难以设置较多的监测断面和监测元件，因此在隧道开挖过断层 10cm 位置处（距洞口 133cm）设置一个位移监测断面，在左侧拱肩、拱顶和右侧拱肩三个关键位置各布设位移传感器，开挖期间采集到的围岩变形信息如图 4-15 所示。

由图 4-15 可知，隧道开挖期间拱周关键位置变形量呈现缓慢增加的趋势，但整体十分稳定，未出现变形量突跳的现象，拱顶位置变形量最大，但最大变形量在 1.8mm 以内，拱肩位置的变形量均在 1mm 以内。以上监测数据表明，经帷幕注浆系统加固后，隧道围岩的承载能力和稳定性均有大幅提升，完全满足隧道开挖的要求，最终顺利贯通，如图 4-16 所示。

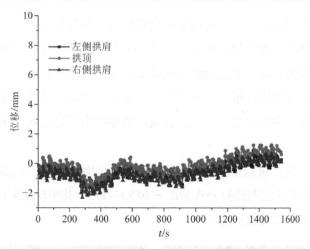

图 4-15　距洞口 133cm 断面围岩变形数据

图 4-16　隧道顺利贯通

4. 帷幕注浆加固圈厚度选定

帷幕注浆加固的设计初衷是在隧道周边一定厚度范围内形成高强度的保护壳体，以保证隧道开挖顺利通过，但是受被注介质不均一、浆液扩散范围难以控制、注浆材料凝胶特性等因素影响，在实际注浆工程中能否形成理想的注浆加固圈仍然是一个疑问。为了验证注浆加固圈的存在，本试验采取了由上及下的纵向开挖方案试图揭露加固圈，开挖量巨大，耗时久，开挖过程如图 4-17 所示。

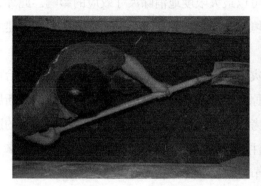

图 4-17　纵向开挖过程

主体试验装置上部围岩受突水突泥影响已经松动，且其在注浆影响范围以外，因此开挖过程该部分较为松软，在开挖至距离顶部 2.3m 左右时围岩开始变得致密，开挖难度加大，只能通过电钻开凿；继续下挖至距离顶部 2.45m 左右时开始出现十分坚硬的注浆加固"壳体"，其内部浆液凝结体数量多、尺寸大、跨度长，形成明显的注浆加固圈，如图 4-18 所示，经过测量计算，本次试验中形成的有效注浆加固圈厚度为 0.4~0.45m，注浆影响范围为 0.5~0.6m。

基于以上试验结果，可以得出保证隧道开挖安全的帷幕注浆加固圈厚度经验公式 $B = (0.67\sim0.75)D$；注浆影响范围经验公式为 $B_e = (0.83\sim1)D$。其中 D 为隧道洞径，以上经验公式可以为相关注浆工程设计提供参考。

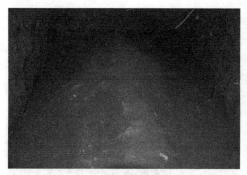
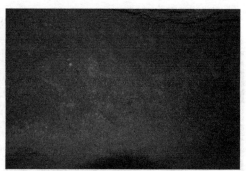

(a) 注浆加固圈整体图　　　　　　(b) 加固圈内部大量浆液凝结体

图 4-18　开挖揭露注浆加固圈

4.3 | 试验结论

（1）以江西永莲隧道为原型，按照 1:20 的比例，设计了一套超大规模三维隧道突水突泥灾后帷幕注浆处治模拟试验系统（8m × 4.5m × 5m），包括主体试验装置、地应力加载与动水供给装置、多元信息实时监测装置和注浆装置，根据目前可查资料，该系统为目前国内外最大规模的注浆处治模型试验系统，可以最大限度地消除尺寸效应的影响。此外，该试验系统可以最大限度地还原真实注浆环境，为探究注浆加固机理和选定注浆参数建立基础。

（2）试验模拟了隧道发生多次突水突泥灾害之后，采用全断面帷幕注浆方法开展治理的过程，探讨其可行性。为尽最大可能地还原真实处治环境，使用相应的普通围岩及断层围岩介质相似材料模拟地层原始赋存条件，考虑了动水环境和地应力加载等关键因素的影响，并使用了与实际工程相同的注浆工艺和注浆材料。此外，还模拟了突泥体清淤、掌子面回填反压、止浆墙构筑等注浆实施关键环节。

（3）进口左洞帷幕注浆孔设计为 3 环共计 12 个，浆材选用水泥-水玻璃双液浆（配合比 1 : 1），采用一次性成孔工艺和花管注浆方法，成功实施了 9 序次注浆，进口左洞帷幕注浆累计注入水泥浆液 343.3kg，注入水玻璃浆液 299.0kg，共 642.3kg。

（4）开挖显示，本次试验中注浆主要通过浆液凝结体支撑作用、胶结作用和充填作用三种作用形式加固断层介质，帷幕注浆试验在洞周 0.4～0.45m 范围内形成了注浆加固圈，大幅提高了围岩的承载能力和稳定性，隧道开挖期间拱周关键位置变形量十分稳定，最大变形量在 1.8mm 以内，满足隧道开挖的要求，最终顺利贯通，印证了帷幕注浆工法系统加固泥质断层的可靠性和稳定性。

（5）获得了保证隧道开挖安全的帷幕注浆加固圈厚度经验公式 $B = (0.67～0.75)D$ 以及注浆影响范围经验公式 $B_e = (0.83～1)D$，可以为相关注浆工程设计提供参考。

参考文献

[1] 胡巍，隋旺华，王档良，等. 裂隙岩体化学注浆加固后力学性质及表征单元体的试验研究[J]. 中国科技论文，2013, 8(5): 408-412.

[2] 宗义江，韩立军，韩贵雷. 破裂岩体承压注浆加固力学特性试验研究[J]. 采矿与安全工程学报，2013, 30(4): 483-488.

[3] 韩立军，宗义江，韩贵雷，等. 岩石结构面注浆加固抗剪特性试验研究[J]. 岩土力学，2011, 32(9): 2570-2576.

[4] 王汉鹏，高延法，李术才. 岩石峰后注浆加固前后力学特性单轴试验研究[J]. 地下空间与工程学报，2007, 3(1): 27-31.

[5] 程盼，邹金锋，李亮，等. 冲积层中劈裂注浆现场模型试验[J]. 地球科学—中国地质大学学报，2013, 38(3): 649-653.

[6] 杨坪，唐益群，彭振斌，等. 砂卵（砾）石层中注浆模拟试验研究[J]. 岩土工程学报，2007, 28(12): 2134-2138.

[7] 李鹏，张庆松，张霄，等. 非均质断层介质单双液加固特性对比[J]. 应用基础与工程科学学报，2016(4): 840-852.

[8] 钱宝源. 软粘土经劈裂注浆后其压缩模量的计算[J]. 宁波大学学报: 理工版，2007, 20(3): 385-387.

[9] 郭炎伟，贺少辉，管晓明，等. 劈裂注浆复合土体平面等效弹性模型理论研究[J]. 岩土力学，2015, 36(8): 2193-2200.

[10] 张庆松，王德明，李术才，等. 断层破碎带隧道突水突泥模型试验系统研制与应用[J]. 岩土工程学报，2017, 39(3): 417-426.

第 5 章

全可视化注浆模拟试验

5.1 | 试验设计

5.1.1 设计背景

厘清浆液在被注介质中的扩散机制是认识其"加固行为"的必要前提，更是工程设计中确定注浆参数（压力、流量、布孔间距、扩散半径等）的关键基础。但目前对于注浆扩散理论的研究多基于扩散形态假设或者试验及工程中浆液凝结体的终态开挖，无法获得浆液的实时动态扩散路径，所建立的理论模型也将或多或少偏离工程实际，导致计算参数对于工程设计的指导价值有限。

究其原因，一方面注浆涉及浆材、被注介质以及注浆工艺三方面共同作用，过程复杂；另一方面，注浆属于隐蔽工程，具有"黑箱"特点。因此，如何实现注浆过程可视化、浆液扩散路径实时监测将成为促使浆液扩散理论向深层次发展的新的突破点。为实现浆液扩散实时可视化，已有学者[1-4]开展相关研究，借助透明钢化玻璃模拟裂隙可视化注浆，获得了浆液的 U 形扩散规律和非对称 AE 扩散规律，很好地促进了可视化注浆方向的研究。但是，以上试验均设定浆液在两块玻璃板之间的平直光滑"模拟裂隙"中自由扩散，并没有介质充填，与工程实际中浆液的扩散环境有一定差距；此外，试验偏重于扩散现象的研究，缺乏有效的监测手段，无法获取浆液扩散及其影响区域连续的物理场信息，对注浆中"浆液-介质"相互作用研究不足。

为此，基于透明可视材料和粒子图像测速技术（Particle Image Velocimetry），研发了一套全可视化注浆模型试验系统，该系统由被注介质可视模拟材料及配套装置、高强钢化玻璃透明装置、参数可控型浆液泵送设备和连续物理场监测采集系统等关键部分组成，可以实现浆液在介质中扩散的实时可视化，获得浆液扩散及其影响区域连续的物理场信息，并成功应用。

5.1.2　试验仪器

全可视化注浆模型试验系统由被注介质可视模拟材料及配套装置、高强钢化玻璃透明装置、参数可控型浆液泵送设备、连续物理场监测采集系统 4 部分构成，如图 5-1 所示。

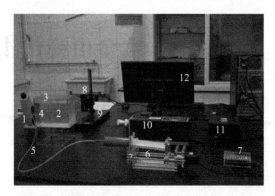

图 5-1　全可视化注浆模型试验系统整体构成图

注：被注介质可视模拟材料及配套装置包括 1—阿贝折射仪；2—介质透明模拟材料；3—高强钢化玻璃透明装置；
　　参数可控型浆液泵送设备包括；4—透明注浆管；5—输浆管；6—可控输浆装置；7—输浆控制器；
　　连续物理场监测采集系统包括 8—CCD 工业数字相机；9—高度可调相机支座；10—激光发射器；
　　11—激光控制器；12—数据采集计算机

1. 被注介质可视模拟材料及配套装置

1）透明可视模拟材料

透明可视材料配制的基本原理是固体颗粒和与其混合的液体材料具有相同的折射率，综合国内外已有研究来看，其基本物理力学性质虽然无法与岩土体完全一致，但已达到较高的相似性，在注浆材料、参数及工艺相同的条件下，借助透明可视材料开展注浆物理模拟试验具备可行性。

综合考虑材料透明性、与岩土体性质相似性和配制可操作性等原则，在 Iskander、Sadek 和曹兆虎等人[5-9]的研究基础上，本试验选择高纯透明石英砂（粒径 0.5～1mm，可保持较高透明度，固体颗粒）、15 号白油与正十二烷混合液（配比 4∶1，液体材料）配制透明可视材料，如图 5-2 所示，经反复对比试验，注入浆液与透明可视材料之间不存在化学反应，可以避免对试验结果的干扰。

经测试，其性质与砂土材料相似，自然状态下干密度为 1145kg/m^3，饱和油样密度为 1655kg/m^3，针对饱和油样开展直剪试验，抗剪强度与法向应力的关系如图 5-3 所示，经拟合可得到其内摩擦角为 39.28°，黏聚力为 9.15kPa。

2）配套装置

配套装置包括阿贝折射仪和真空箱，分别用来确定液体材料的配比以保持与石英砂具有相同的折射率、在固体材料与液体材料混合后抽出其中的气泡以消除对模拟材料透明度的影响。

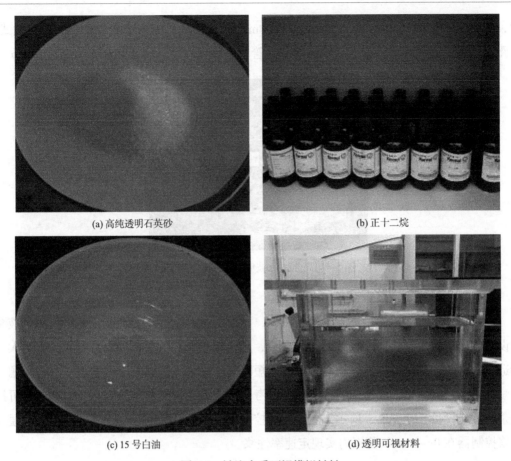

(a) 高纯透明石英砂　　　　　　　　(b) 正十二烷

(c) 15 号白油　　　　　　　　　(d) 透明可视材料

图 5-2　被注介质可视模拟材料

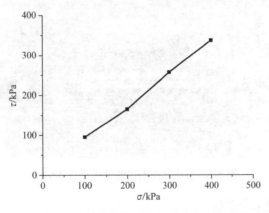

图 5-3　饱和油样抗剪强度与法向应力关系图

2. 高强钢化玻璃透明装置

该装置为模拟注浆的发生场所，为实现注浆过程的全可视性并可承受一定的注浆压力，采用高强透明钢化玻璃加工而成，通过专用胶粘剂粘接而成，保证其密封性。

鉴于透明可视材料配制原材料成本非常高，较大体积试验装置在抽真空时需要时间较长且透明效果较差，因此本次试验拟先设计一个尺寸较小的装置验证全可视化注浆的可行性，如图 5-4 所示，其长、宽、高分别为 200mm、100mm 和 150mm，顶部设计为开放式，在距离装置底部 50mm 处设置 1 根透明注浆管，水平向布置，管径 8mm，长度 100mm。

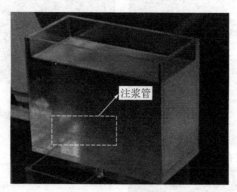

图 5-4 高强钢化玻璃透明装置结构图

3. 参数可控型浆液泵送设备

总结目前关于注浆模型试验方面的研究，缺乏与试验注入压力和流量相匹配的浆液泵送设备是注浆模型试验面临的较大问题之一，用于工程实践的泵送设备流量大、压力大，会造成试验装置超负荷损坏、注浆过程在过短时间内结束、边界效应明显等一系列问题。

针对高强度钢化玻璃透明装置的尺寸，考虑所需注浆量的要求，定制了一套参数可控型浆液泵送设备，如图 5-5 所示，主要包括控制器、驱动器和固定装置等部分，可以通过输浆控制器在 0～2mm/s 范围内实现定速率注浆。

图 5-5 参数可控型浆液泵送设备结构图

4. 连续物理场监测采集系统

获取注浆过程被注介质中位移场、速度场和应力场等数据是辅助分析浆液扩散机制和"浆液-介质"相互作用的重要基础。

以往许多注浆模型试验忽略了多物理场的采集，或者采用布设传感器的方式采集数据，使用传感器采集方式有以下弊端：传感器体积较大，埋设在模拟被注介质中将形成人为薄弱面，诱使浆液在传感器边缘方向扩散，影响试验结果；试验中传感器易被浆液"包围"，受浆液凝结影响造成传感器失效；传感器为插入式测量，获得的是分散有限数据，不能形成场数据，数据代表性不足，对于辅助分析浆液扩散机制参考价值有限。

为实现连续物理场监测采集，试验以透明可视模拟材料、CCD 工业数字相机和大功率激光仪为基础，运用粒子图像测速技术[1]集成连续物理场监测采集系统，如图 5-6 所示。其中，CCD 相机可切换黑白/彩色拍摄模式，最高分辨率为 1280×960，最大帧率 40fps，曝光时间在 $10 \sim 200000 \mu s$ 范围内可调。激光仪光路系统为片光光路，出光张角可调节、片光方向可调节，波长为 532nm，偏振方式为线偏振，功率为 3W，并在 $0 \sim 100\%$ 范围内可定量调节。

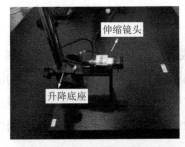

图 5-6　连续物理场监测采集系统结构图

连续物理场监测采集系统基本工作原理为：激光发射器产生线性偏光照射在透明可视模拟材料上产生散斑场，可通过线性发射器根据试验需求任意调节照射角度，可通过激光控制器调节散斑场达到最佳亮度；通过 CCD 相机拍摄初始散斑场，在注浆试验开始后随着浆液注入散斑会持续发生移动，使用 CCD 相机在固定间隔时间内不间断拍摄散斑场，而后通过配套软件追踪激光散斑运动轨迹，实现连续位移场的监测采集。

5.2 | 试验与结果分析

5.2.1　试验关键设计参数

本试验旨在模拟砂土层中全可视化注浆，被注介质粒径 $0.5 \sim 1mm$，综合考虑被注介质可注性、泵送设备性能，选用水泥单液浆作为注入浆液（水灰比 $1:1$），设计浆液注入速率为 1mm/s。试验设计为单一纵剖面监测方式，即选取与注浆管平行的单一纵剖面为激光照射面，从而形成激光散斑场，在与其垂直的方向设置 CCD 相机不间断采集照片，经过现场反复调校，为达到激光散斑最佳亮度和拍摄效果，CCD 相机和激光仪片光设定参数如表 5-1 所示。

CCD 相机和激光仪片光设定参数表　　　　　　　　表 5-1

拍摄间隔	增译值	曝光时间	片光方位
1s	20	50000us	距离装置前侧立面 35mm

5.2.2　试验关键环节

1）透明可视模拟材料配制。为保证材料成品的透明性，试验要求原材料、配制所需仪器及配制过程"零"污染，杜绝一切可能影响固体颗粒和液体材料折射率的因素；为保证材料浇筑的均匀性，并提高抽真空的效率，材料浇筑过程设计为分层式，每层浇筑高度在 5～10cm 范围内，在抽取气泡（实测连续抽取时间为 10～12h）至最佳透明度后即可进入下一浇筑周期，如图 5-7 所示。

(a) 分层浇筑　　　　　　　　　　　　　(b) 抽取气泡

图 5-7　透明可视模拟材料配制

2）激光照射位置、散斑最佳亮度和拍摄效果调校方法。激光散斑照射位置的精确性将影响对试验结果的分析，试验设计为单一纵剖面监测方式，需通过在桌面布设标尺，联合精确调整激光线性发射器的方式保证照射位置的精确性。粒子图像测速技术对于激光散斑亮度以及 CCD 相机捕捉照片效果具有比较高的要求，否则将影响物理场的追踪效果，首先将试验室内光线调节至较暗环境，然后打开激光发射器，使激光照射在高强钢化玻璃透明装置的设计位置，通过激光控制器调整发射功率，将光斑亮度调节至最佳，随后打开 CCD 相机，通过反复测试确定增译值和曝光时间等关键参数。仪器调校如图 5-8 所示。

3）注浆管路的密封性和气泡排出。由于注浆在一定压力下进行，若管路密封不好易导致试验失败，特别在管路与注浆管接口处、注浆管与钢化玻璃衔接处、管路与阀门连接处，需使用橡胶垫、玻璃胶、胶粘剂联合固定，保证注浆管路密封性。注浆管路里存在空气，如不提前排出将注入透明材料中，出现大量气泡，影响注浆过程的可视性，因此在试验开始前要通过预压浆的方式，配合使用三通阀门将管路空气排出，保证最佳可视化效果。

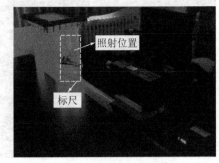

(a) 激光照射位置确定　　　　　　　(b) 散斑最佳亮度和拍摄效果调校

图 5-8　仪器调校

5.2.3　浆液的椭球形扩散规律

水泥单液浆（水灰比 1 : 1）以 1mm/s 的速率匀速注入被注介质，整个注入过程持续 104s。在注浆开始 44s 之后，CCD 相机可以捕捉到浆体显著扩散的照片，选取代表性时刻 44s、54s、64s、74s、84s、94s 和 104s 的浆液扩散路径以分析浆液扩散规律，如图 5-9 所示。

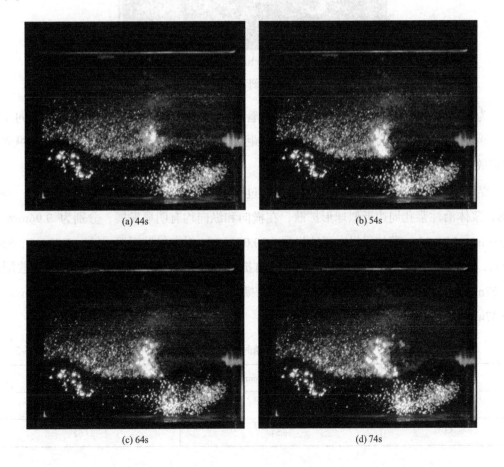

(a) 44s　　　　　　　　　　　　　　(b) 54s

(c) 64s　　　　　　　　　　　　　　(d) 74s

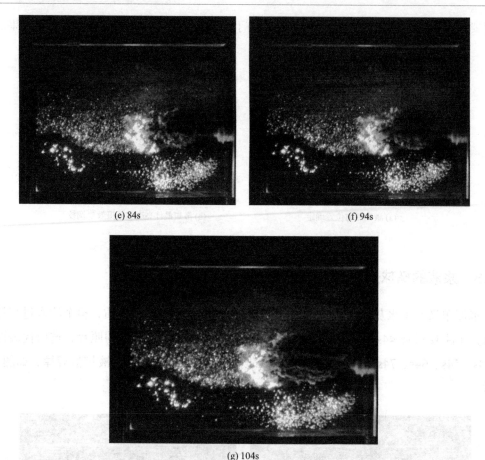

(e) 84s   (f) 94s

(g) 104s

图 5-9　不同时刻浆液扩散轨迹图

为表征浆体扩散特征，以浆体在与注浆管重合方向（横向）距离为L_1，垂直方向（纵向）距离为L_2，各时刻浆液扩散横向和纵向距离如表 5-2 所示，各阶段浆液横向和纵向平均扩散速度如图 5-10 所示。

结合图 5-9 和表 5-2 数据，辅以注浆全过程录制视频可得出浆体扩散演化过程：44～54s，浆体沿注浆孔周边近似球形扩散，在横向和纵向均有明显发展，分别为 9.96mm 和 5.58mm；55～84s，浆体沿横向迅速发展（30.05mm），纵向扩散缓慢，仅为 2.73mm；85～104s，浆体以沿横向扩散路径边界的纵向扩散为主，可达 10.02mm，横向扩散缓慢（6.27mm）；浆液最终呈现椭球形扩散规律，横向和纵向最大扩散距离分别为 72.86mm 和 40.37mm。

浆液扩散距离随时间变化统计表　　　　　　　　　　　　　　　　　表 5-2

开始时刻/s	横向扩散距离/mm	纵向扩散距离/mm
44	26.58	21.04
54	36.54	27.62

续表

开始时刻/s	横向扩散距离/mm	纵向扩散距离/mm
64	44.27	27.76
74	55.81	29.31
84	66.59	30.35
94	70.79	36.45
104	72.86	40.37

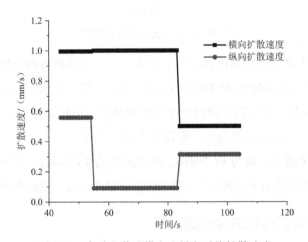

图 5-10　各阶段浆液横向和纵向平均扩散速度

5.2.4　浆液扩散对被注介质位移场的影响

浆液注入介质后，会对固体颗粒施加挤压、冲刷等作用进而产生移动，注浆过程被注介质产生的位移场是确定注浆设计参数、分析注浆加固作用的重要参考数据。

从注浆开始（44s）直至结束（104s），被注介质固体颗粒产生的位移如图 5-11 所示。

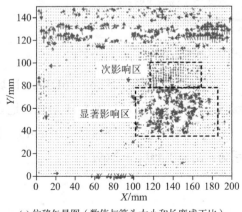

(a) 位移矢量图（数值与箭头大小和长度成正比）

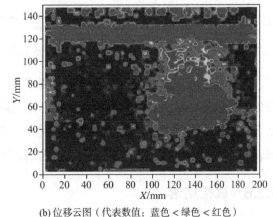

(b) 位移云图（代表数值：蓝色＜绿色＜红色）

（即黑白图中深灰＜浅灰＜中灰，彩图可扫二维码查看）

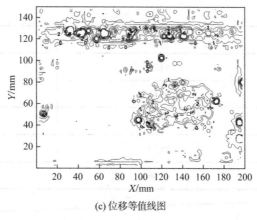

(c) 位移等值线图

图 5-11　被注介质产生位移图

浆液扩散会导致被注介质固体颗粒产生位移，尤以浆体周边和顶部自由边界处最为显著，最大位移分别可达 8.95mm 和 3mm，这是因为浆体周边固体颗粒直接受浆体挤压和冲刷作用，运移趋势明显，顶部固体颗粒受摩擦力和重力作用相对较小，易产生较大的位移；浆液沿注浆孔整体呈现四周扩散趋势，但以向上顶出为主。

注浆显著影响区横向距离为 81.29mm，纵向距离为 45.09mm，这与浆液为水平注入方式有关，在浆体上部还存在次影响区，横向距离为 42.48mm，纵向距离为 21.11mm。

5.2.5　浆液扩散距离与地表隆起的关系

在浅埋地下工程（如隧道、地铁等）施工中，注浆方法普遍应用于预防和处治相关地质灾害。但注浆是在较高压力下进行的，挤压、劈裂、充填和置换作用在发挥加固效果的同时也容易引发地表隆起，注浆参数设计和过程控制与地表隆起管控的关系是亟需解决的难题。

本试验将模拟获得地表隆起数据，相较于传统"点测"方法，试验采用的连续位移场监测方法可直接获取地表隆起数据，在试验工况下绘制地表隆起曲线，如图 5-12 所示。

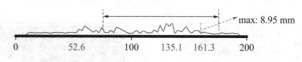

图 5-12　注浆过程地表隆起曲线（单位：mm）

注浆过程将使得地表 90% 左右的区域产生一定程度的隆起现象，52.6～161.3mm 区域内为显著隆起区域 S_l，长度为 108.7mm，平均隆起量 4.07mm，通过与图 5-11 对比，地表显著隆起区与浆体位置呈现明显的对应关系，在 135.1mm 处产生最大隆起（8.95mm）。根据表 5-2，地表显著隆起区与浆液扩散距离的关系为：$S_l = 1.49L_1 = 2.69L_2$。

5.2.6　试验结论

（1）设计了一套全可视化注浆模型试验系统，可实现浆液扩散过程实时可视化，并获得浆液扩散及其影响区域连续物理场信息。

（2）提出了透明可视材料的分层浇筑方法，以及激光照射位置、散斑最佳亮度和拍摄效果调校方法。

（3）获得了浆液在模拟砂土地层中的动态扩散路径特征，提取了横向扩散距离 L_1 和纵向扩散距离 L_2，发现了浆液的椭球形扩散规律。

（4）得到了注浆结束后被注介质连续位移场数据，定义了浆液"四周扩散、向上为主"的扩散方式，划定了显著影响区和次影响区，提取了地表隆起曲线，获得了地表显著隆起区与浆液扩散距离的定量关系。

参考文献

[1]　李术才, 张霄, 张庆松, 等. 地下工程涌突水注浆止水浆液扩散机理和封堵方法研究[J]. 岩石力学与工程学报, 2011, 30(12): 2 377-2 396.

[2]　张霄. 地下工程动水注浆过程中浆液扩散与封堵机理研究及应用[D]. 济南: 山东大学, 2011.

[3]　刘人太. 水泥基速凝浆液地下工程动水注浆扩散封堵机理及应用研究[D]. 济南: 山东大学, 2012.

[4]　张庆松, 张连震, 刘人太, 等. 水泥-水玻璃浆液裂隙注浆扩散的室内试验研究[J]. 岩土力学, 2015, 36(8): 2159-2168.

[5]　ISKANDER M, LAI J, OSWALD C, et al. Development of a transparent material to model the geotechnical properties of soils[J]. Geotechnical Testing Journal, 1994, 17(4): 425-433.

[6]　ISKANDER M, SADEK S, LIU J Y. Optical measurement of deformation using transparent silica to model sand[J]. International Journal of Physical Modelling in Geotechnics, 2002, 2(4): 13-26.

[7]　孔纲强, 刘璐, 刘汉龙, 等. 玻璃砂透明土变形特性三轴试验研究[J]. 岩土工程学报, 2013, 35(6): 1140-1146.

[8]　曹兆虎, 孔纲强, 刘汉龙, 等. 基于透明土材料的沉桩过程土体三维变形模型试验研究[J]. 岩土工程学报, 2014, 36(2): 395-400.

[9]　曹兆虎, 孔纲强, 周航, 等. 基于透明土的静压楔形桩沉桩效应模型试验研究[J]. 岩土力学, 2015, 36(5): 1363-1367.

海底隧道强风化带注浆复合体
弱化模拟试验

6.1 | 试验设计

6.1.1 海底隧道注浆加固圈参数设计

海底隧道的建设面临着多重挑战，如海水无限补给性、勘探难度高等，这些因素使得海底隧道无法自然排水。为了解决隧道工程中的地下水问题，一般采用全封堵方式或排导方式[1]注浆加固。采用全封堵方式需要支护结构承受与水头等值的水压力，海底隧道的衬砌水压力一般情况下远高于山岭隧道，因此排导方式更为适用。然而，排水系统需要耗用大量的电能，采用"堵水限排"的原则可以有效减少排水量，从而减轻支护结构承受的水压力，使衬砌结构设计更为经济。因此，需要对海底隧道的排水量与衬砌压力进行探究，并确定注浆加固圈参数。本章以达西定律为基本原理，进行海底隧道动水流量及衬砌外水压力计算，得出注浆加固圈及衬砌参数对流量与压力的影响，进而得出注浆加固圈建议参数及排水方案。

1. 计算模型

1）基本假定

该计算模型有如下假定：

（1）海底隧道中衬砌、注浆加固圈及岩土体均为各向同性且均匀连续介质，水、岩土体、加固圈及衬砌不可压缩且不计自重，隧道排水不影响海水水位；

（2）简化隧道截面为等弧长圆形，海水流动服从达西定律，且以径向为主，材料的渗透系数在各个方向相同；

（3）隧道截面、衬砌及支护结构为对称平面图形，可简化地认为注浆加固圈外水头 H 与圆心 O 的原始静水压力水头 h_0 相等，将 h_0 作为模型计算外边界水头。

2）模型原理及求解

在以上假设前提下，可近似按轴对称平面应变问题开展海底隧道地下与压力分析，如图 6-1 所示。根据达西定律及水流连续性方程得到流量 Q 与水压力 p 即衬砌外缘处孔隙水压力，如式(6-1)~式(6-3)所示[2]。

$$Q = \frac{2\pi H k_r}{\ln\dfrac{H}{r_g} + \dfrac{k_r}{k_g}\ln\dfrac{r_g}{r_l} + \dfrac{k_r}{k_l}\ln\dfrac{r_l}{r_0}} \tag{6-1}$$

$$p = \frac{\gamma H \ln\dfrac{r_l}{r_0}}{\dfrac{k_l}{k_r}\ln\dfrac{H}{r_g} + \dfrac{k_l}{k_g}\ln\dfrac{r_g}{r_l} + \ln\dfrac{r_l}{r_0}} \tag{6-2}$$

$$H = h_0 = h_1 + h_2 \tag{6-3}$$

式中：H为加固圈外处水头，m；k_l为衬砌渗透系数，cm/s；k_g为注浆加固圈渗透系数，cm/s；k_r为土层渗透系数，cm/s；r_0为隧道断面半径，m；r_l为衬砌外径，m；r_g为注浆加固圈外径，m；γ为海水重度，kN/m³；h_0为圆心O的原始静水压力水头，m；h_1为海水深度对应的水头，m；h_2为圆心O处埋深对应的水头，m。

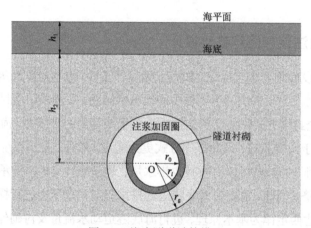

图6-1 海底隧道计算模型

由式(6-1)、式(6-2)可以看出，若$k_l = 0$，恒有$p = \gamma h$，这说明如果采用全封堵方式，注浆加固圈并不能"分担"作用于衬砌上的水压力。在k_l不为零的前提下，当r_g增大或者k_g减小时，流量Q与孔隙水压力p均减小，这说明采取排水方式（即衬砌透水）的情况下，注浆可以有效减小排放流量Q与衬砌水压力p。

2. 工程实例

1）计算参数

厦门翔安海底隧道海域部分建设项目需要通过4个深风化槽（囊），宽度从50m到160m不等，并与海水相通。这些风化深槽地段是典型不良地质段，围岩条件极差，在施工过程中极易发生坍塌和突水事故。其中行车右线五通端海底145m风化槽，全长1089m，是翔安海底隧道12条风化深槽地质条件最差、施工难度最大、长度最长的一条风化槽，其断面由四心圆弧组成（图6-2为隧道断面示意图），目前还没有完全适合分析计算的解析公式，将隧道近似为等效弧长的圆形洞室计算，隧道内半径$r_0 = 6.333$m，衬砌外半径$r_l = 7.133$m。假定隧道围岩及上覆土层均为强风化岩体，其渗透系数$k_r = 2.14 \times 10^{-4}$cm/s。隧道中心与海底距离最深为$h_2 = 25$m，海水深度$h_1 = 45$m，则隧道中心与海平面距离为$H = 70$m，海水重度$\gamma = 10.5$kN/m³。

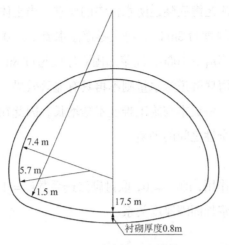

图 6-2　隧道断面示意图

若隧道周围土体未进行注浆加固处理，仅依靠隧道衬砌渗透排水，取衬砌渗透系数$k_l = 1 \times 10^{-7}$cm/s，利用式(6-1)计算的渗透流量为$Q = 0.32$m³/(m·d)，衬砌水压力$p = 714.59$kPa。而日本青函海底隧道与挪威海底隧道规范规定的允许排水量分别为 0.27m³/(m·d)与0.43m³/(m·d)，并不能充分满足抗渗要求，对比全封堵的水压$p_a = \gamma h = 721$kPa，补砌水压力仅折减了 0.89%。若衬砌后面的水全排出，即认定衬砌渗透系数远大于土体渗透系数，用式(6-1)计算得出的渗透流量$Q = 35.61$m³/(m·d)，衬砌水压力$p = 0$kPa，渗透流量远大于允许排水量，不能满足要求。可见，唯有对隧道周围土体进行注浆加固处理，同时对衬砌后面的水进行主动排水，方可同时满足隧道的排水与减小水压力的目的。

2）渗水量计算

设土体渗透系数与注浆加固圈以及衬砌结构渗透系数之比分别为n_1、n_2，利用式(6-1)计算海底隧道渗水量。当隧道排水设施能排出衬砌后面的水时，认定衬砌不影响渗水量，其渗透系数取值无限大，即$n_2 = 0$。图 6-3 给出了此时隧道渗水流量与注浆加固圈厚度关系。

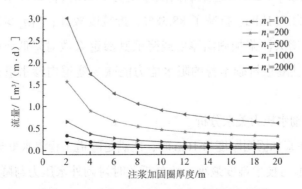

图 6-3　隧道渗水流量与注浆加固圈厚度关系

从图 6-3 可以看出，增加注浆加固圈厚度与降低注浆加固圈渗透系数可有效降低海底隧道渗水量，在海底隧道设计及施工中，可使用改变注浆加固圈厚度与渗透系数的方式来调节海底隧道渗水量，以满足海底隧道防水抗渗的要求。当土体与注浆加固圈渗透系数之比 $n_1 = 1000$，注浆加固圈厚度为 8m 时，海底隧道渗水流量为 $0.11 \text{m}^3/(\text{m} \cdot \text{d})$，小于同类型海底隧道的允许排放量。当 $n_1 > 1000$，注浆加固圈厚度超过 8m 时，增大注浆加固圈厚度或降低其渗透系数对降低海底隧道渗水量则不再具有显著效果。同时，增大注浆加固圈厚度或降低其渗透系数造成经济成本与施工难度不断增长，因此在设计注浆加固圈与选择方案时，应做好经济性与安全性之间的平衡。

3）衬砌水压力计算

若考虑衬砌的阻排水作用，即 $n_2 \neq 0$，取衬砌渗透系数 $k_l = 1.0 \times 10^{-7} \text{cm/s}$，图 6-4 给出了此时衬砌外水压力与注浆加固圈厚度关系。

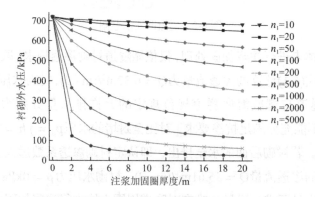

图 6-4　衬砌外水压力与注浆加固圈厚度关系曲线

从图 6-4 可以看出，增大 n_1 的值即减小注浆加固圈渗透系数可有效降低海底隧道衬砌外水压力；仅在土体与注浆加固圈渗透系数差距较大的前提下，增大注浆加固圈厚度才能有效降低衬砌外水压力，这是因为注浆加固圈的隔水抗渗能力越强，其能为隧道衬砌分担的水压力就越大，隧道衬砌外水压力的折减效果就越明显。当土体与注浆加固圈渗透系数之比 $n_1 = 2000$，注浆加固圈厚度为 10m 时，衬砌外水压力 $p = 82.34 \text{kPa}$，相比全封堵的水压力 721kPa，折减了 88.58%，折减度较高；当 $n_1 > 2000$，注浆加固圈厚度超过 10m 时，增大注浆加固圈厚度或降低其渗透系数对降低海底隧道渗水量则不再具有显著效果，且隧道衬砌本身的阻水能力能减少隧道内渗水量，满足海底隧道防渗要求。

4）渗水量与衬砌水压力关系分析

由上文可知，注浆加固圈厚度为 10m 时，能满足隧道工程渗水量与衬砌水压力要求，同时施工的经济成本与技术难度最小。故分析此时衬砌外水压力与隧道渗水量关系，如图 6-5 所示。

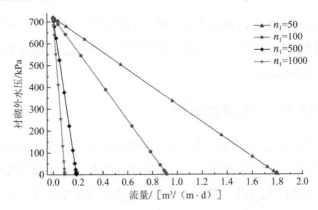

图 6-5　衬砌外水压力与渗水量关系曲线

随着隧道排水量的增加，衬砌外的水压明显降低，二者呈现出线性的负相关关系。此外，当排水量不变时，注浆加固圈的渗透系数越小，衬砌外的水压就会有更大幅度的降低。这表明只有采用排水的设计原则进行结构设计时才能调动注浆加固圈对水压力的折减作用，并且注浆加固圈的渗透性越小，达到同样外水压力折减所需的地下水排导量越小。当注浆加固圈厚度为 10m，注浆加固圈渗透系数为周围土体渗透系数的 0.2%时，需要的排水量降低为 0.185m³/(m·d)。因此，设置注浆加固圈可以显著降低衬砌结构外的水压，同时排水量也较小。总的来说，这种方法有效地解决了减压和排水的矛盾，提高了海下隧道排水方案的经济性。

3. 注浆加固圈设计参数与排水方案

1）确定合理注浆加固圈设计参数值

根据以上分析，当土体与注浆加固圈渗透系数之比 $n_1 \geqslant 500$，注浆加固圈厚度超过 10m 时，再增大注浆加固圈厚度或减小注浆加固圈渗透性对减小海底隧道渗水量的作用效果均不显著。可见，宜在土体与注浆加固圈渗透系数之比 $n_1 \leqslant 500$，注浆加固圈厚度不超过 10m 的范围内确定注浆加固圈的合理设计参数。

2）确定允许的海底隧道排水量标准

由于各个隧道的地质情况及施工技术有差异，且海底隧道施工实际和排水设备能力不同，国内外海底隧道允许的排水量尚无固定标准。日本青函海底隧道与挪威海底隧道规范规定的允许排水量分别为 0.27m³/(m·d) 与 0.43m³/(m·d)，借鉴这些隧道的施工经验，结合上述针对隧道的既有经验，并考虑本章实例中的具体情况，将海底隧道的设计排水量定为 $Q_d = 0.2m³/(m·d)$。

3）确定衬砌可承受的外水压力

在设计海底隧道的复合衬砌结构时，应进行综合分析，考虑围岩压力、工程地质和水文地质条件，以确定衬砌所能承受的最大外部水压值 p。过海隧道的强风化槽段，地质条件极差，导致衬砌围岩压力设计值较高。因此，在衬砌结构的设计中，应尽可能地减小外部水压。鉴于海底隧道排水系统的弱化会使衬砌受到外部水压的影响，在衬砌结构的设计中应加入一定的安全储备，以承受隧道排水系统的弱化堵塞引起的额外水压。因此，必须仔细考虑衬砌的可接受外部水压。

6.1.2 注浆复合体侵蚀弱化试验设计

目前尚无可行性装置能模拟海底岩（土）层的海水流动特性，且试验环境中需要采取加速海水侵蚀的措施来缩短试验周期。工程实际中注浆复合体差异性较大，给研究海水对其侵蚀规律及机理带来较大阻碍，需提出一种对注浆复合体中各成分比例的量化方法。本章基于上述现状并根据第 6.1.1 节中隧道设计排水量对模拟海水流动特性装置研发、注浆复合体量化方法与侵蚀弱化试验设计开展研究。

1. 模拟海水流动特性试验装置研发

1）试验装置设计

为了实现对注浆复合体施加水压与持续流动水环境的目的，自主设计了一种可施加稳定海水压力、持续流动环境的注浆复合体侵蚀试验装置，其效果图如图 6-6 所示。

该设计包含空气压缩机，管道连接密封优良的供压水箱，连接管道中有调压阀、电控阀门与压力表，供压水箱中有水位传感器，入水口处设单向阀，供压水箱出水口连接一个密封性良好的用于侵蚀试验的水箱，连接管道中先后设有电控阀门、压力表与控流水阀，侵蚀试验箱设压力传感器并接压力表，侵蚀试验箱出水口通向敞口储水池，连接管道中有控流水阀，储水池中设有水泵，出水口连接上述两个供压水箱，连接管道中设有电控水阀。

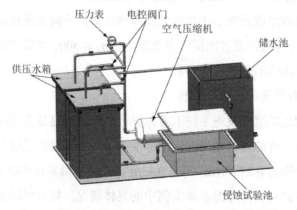

图 6-6 模拟海底岩层中海水流动特性试验装置效果图

区别于现有的设计及装置，该设计方案有以下优点：

（1）利用空压机、供压水箱、侵蚀试验池、储水箱及相关管路上的控制阀营造出高压水头与水流环境，与既有的机械加载装置有显著区别，同时可以提供更精确的自动化水压力控制方法，并可以实现水压力与流速工况的组合，从而提供更真实的水压力与水流环境，再配合侵蚀溶液，可实现更具实际意义的应力-化学-流场三场耦合的复合体侵蚀。此外，基于水压力和流速工况的精确控制和自由设定，可实现多种海水侵蚀工况的交叉模拟，可大幅提升试验效率与试验结果的准确性。

（2）该设计方案兼容性高，适配的试件材料、尺寸及形状范围广，有利于进行标准试件的侵蚀试验，得出可靠性更强的试验数据。可以同时对多个试件进行侵蚀试验，且试验条件可以保持一致，消除了其他因素（如温度、离子浓度波动等）带来的误差。

（3）既有的渗流压力下注浆复合体弱化规律研究装置针对渗流作用对注浆复合体的影响，模拟水在岩土体中孔隙介质的流动，是一种静态加压的方案，属于常规的三维模型试验系统及方法；而本设计方案对注浆复合体提供水压环境的同时营造动水环境，具有流量高、流速稳、水压足的特点，能模拟一种动态的水流状态，模拟真实的海洋环境。

（4）海底隧道工程围岩存在着裂隙与孔隙，在运营期间海水对隧道的渗透与入侵会在围岩与注浆加固圈中形成导水通道，注浆加固圈长期处于高水压、大流量的环境下，力学性能与防水能力下降，威胁隧道衬砌的安全。因此，本设计提供的技术方案能营造高水压与高流速的海水侵蚀环境，实现应力-化学-流场三场耦合。

（5）注浆加固圈的侵蚀是一个长期过程，这导致试验时长较长，对侵蚀试验设备的长时间稳定运行性能提出高要求。既有的装置中渗流作用产生的渗透量低，设计的压力罐中溶液体积大于试验完成时的总渗透量，能满足试验要求。对注浆复合体的高水压、流量（流量达到几立方米甚至几十立方米每小时）的侵蚀试验累计的总流量大，普通储水罐的容积难以满足要求。因此，本设计方案提供了一个可以实现稳定水压、持续水流，长时间稳定运行的装置：两个供压水箱交替供水，水箱 1 向侵蚀水箱提供稳定的高压水流，水箱 2 则由水泵向其补充海水，待水箱 1 海水排尽，则由水箱 2 提供高压水流，水箱 1 补水，如此循环往复。

2）试验装置制作

在本试验中，主要聚焦于动水环境对注浆复合体的影响规律，故依照上述设计制作了模拟海底隧道岩层中海水流动特性的加速侵蚀装置，如图 6-7 所示。

模拟注浆复合体实际的动态海水环境，由水泵来控制流量大小，由 6.1.1 节可知设计排水量 $Q_d = 0.2\text{m}^3/(\text{m} \cdot \text{d})$，则换算试验池中流量 $q = 0.21\text{L/h}$；加热装置与温度传感控制器配合使用以控制温度，试验温度为 40℃，该温度能最大程度加速注浆复合体侵蚀，且不会引起侵蚀产物分解[3-4]；并定期补水来控制海水浓度的稳定性，本试验中采用海水 10 倍离子浓度作为试验浓度，该浓度能最大程度加速注浆复合体侵蚀，且能保证盐完全溶解[5]；精确控制试验参数，综合考虑各影响因素，模拟了多影响因素耦合海底流动环境。

实现了注浆复合体海水侵蚀试验中稳定的水温度、动水环境、长时间稳定运行，保证试验开展条件更加贴近真实地下环境；设置流量与温度传感器，可实时观测以保证试验的动态反馈性和精确性；与现有的静态海水环境试验装置比，本装置的海水离子浓度在时间上能保持稳定，不因离子向注浆复合体中渗透并发生化学反应而变化；装置采用自动控制系统来调控试验，自动化程度高，提高了试验效率；试验装置操作简便，可循环使用，降低了试验成本。

图 6-7　模拟海水流动特性试验装置

2. 试验材料与设备

1）试验材料

（1）注浆材料

普通硅酸盐水泥（OPC）具有成本低、生产简单、应用广泛、性能优良等优点，目前已成为应用最广泛的注浆材料。因此试验选取型号为 P.O.42.5 的普通硅酸盐水泥作为注浆材料，以利于提高研究结果的适用性与参考性。所用水泥由山东山水水泥集团有限公司生产，其主要成分如表 6-1 所示，水泥浆液在各水灰比下的密度如表 6-2 所示。

试验选用水泥的成分及其含量　　　　　　　　　　　　　　　　　　表 6-1

成分	CaO	SiO$_2$	Fe$_2$O$_3$	MgO	Al$_2$O$_3$	SO$_3$
含量/%	62.0	22.6	3.2	3.3	4.7	2.9

试验所用水泥浆液在各水灰比下密度　　　　　　　　　　　　　　　表 6-2

水灰比	0.7∶1	0.8∶1	0.9∶1	1.0∶1	1.1∶1	1.2∶1	1.3∶1
密度/（g/cm³）	1.68	1.61	1.56	1.52	1.47	1.43	1.41

（2）注浆试验所用强风化岩体

取滨海地区典型强风化岩体作为注浆对象，强风化土为外观呈棕黄色的砂质黏性土，其主要物理力学性质如表 6-3 所示，其 e-lg p 曲线如图 6-8 所示。由图 6-8 计算可得，试验所用土先期固结压力 $p_c = 209$kPa，初始孔隙比 $e_0 = 1.222$。经 105℃烘干后用 2.5mm 口径筛网筛去较大砂砾，置于密封容器备用，图 6-9 为烘干过筛后的强风化土。

强风化土的基本性质　　　　　　表 6-3

物理性质	塑限	液限	土颗粒密度
测得数值	9%	21.8%	2.73g/cm³

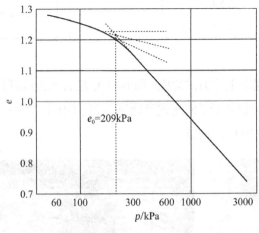

图 6-8　试验用强风化土的 e-lg p 曲线　　　图 6-9　烘干过筛后的强风化土

（3）侵蚀试验所用盐

采用纯度为 99.3% 的工业氯化钠（产自中盐新干盐化有限公司）配置氯离子溶液；采用纯度为 99.0% 的无水硫酸钠化学试剂（产自天津登峰化学试剂厂）配置硫酸盐溶液；采用纯度为 98% 的四水乙酸镁化学试剂（产自山东优索化工科技公司）配置镁离子溶液，并配合乙酸，保证溶液 pH 值为 7。

2）试验装置

（1）水泥胶砂搅拌机

试验选用 JJ-5 型水泥胶砂搅拌机（图 6-10），其技术参数如表 6-4 所示。

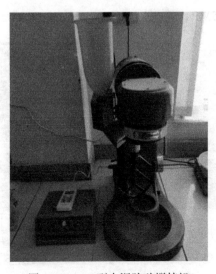

图 6-10　JJ-5 型水泥胶砂搅拌机

水泥胶砂搅拌机技术参数 表 6-4

搅拌速度			搅拌锅容积/L	外形尺寸/mm
类别	低速	高速		
自转/（r/min）	140 ± 5	285 ± 10	5	约 600 × 320 × 660
公转/（r/min）	62 ± 5	125 ± 10		

（2）混凝土压力试验机

测定注浆复合体抗压强度需用到混凝土压力试验机（图 6-11），配合水泥胶砂抗压强度夹具使用（图 6-12）。所使用的压力试验机符合《液压式万能试验机》GB/T 3159—2008 和《试验机 通用技术要求》GB/T 2611—2007 的规定。

图 6-11 混凝土压力试验机　　　　图 6-12 水泥胶砂抗压强度夹具

（3）岩石渗透分析仪

试验选用 HYS-4 型岩石渗透分析仪（图 6-13），采购自济南矿岩试验仪器公司，渗透分析仪提供了一套恒定压力系统以完成对试件渗透系数的测定，测试试件抗渗能力。渗透仪主要包括压力室、渗透水压控制系统、渗透围压控制系统和渗透水量测量装置 4 个部分。渗透压力工作范围为 0～3.5MPa，精度：±1%。

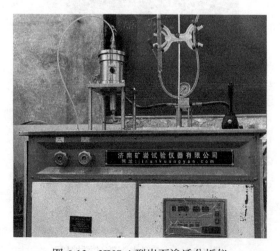

图 6-13 HYS-4 型岩石渗透分析仪

（4）万能试验机

试验选用 WDW-100 型微机控制电子式万能试验机（图 6-14），产自长春科新试验仪器有限公司，试验力量程 100kN，精度±0.5%，采用全数字伺服系统驱动，圆弧同步带减速，滚珠丝杠传动。

图 6-14　微机控制电子式万能试验机

3. 侵蚀试验设计

1）注浆复合体量化方法

当被注对象为强风化岩体时，注浆方式以劈裂注浆为主，结合渗透注浆与压密注浆。为了更好地量化注浆复合体中浆液、岩体、水的比例关系，使用了理想的劈裂注浆模型（图 6-15），进而得到制作试件所需材料之间的比例。饱和的强风化岩体中，浆液在压力的驱动下于注浆口处劈裂土体后均匀向四周扩散，浆脉呈中间厚边缘薄的"盘状"。扩散的同时，浆液对上下方的岩体有着渗透加固和压密的作用。

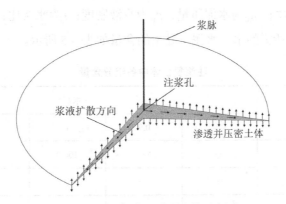

图 6-15　理想状态下劈裂注浆示意图

注浆复合体中浆液、岩体、水的比例关系如下。

在原饱和土体中：

$$V_v = V_s \cdot e_0 \tag{6-4}$$

$$m_{bw} = w_p \cdot m_s \tag{6-5}$$

$$V_{fw0} = V_v - \frac{m_{bw}}{\rho_w} \tag{6-6}$$

式中：V_v 为土体孔隙体积；V_s 为土颗粒体积；e_0 为土体初始孔隙比；m_{bw} 为黏土颗粒表面的结合水质量，其含量取土体塑性界限含水量 w_p；m_s 为土颗粒质量；V_{fw0} 为孔隙中自由水的体积；ρ_w 为水的密度。

而在注浆复合体中：

$$V_g = V_{g1} + V_{g2} \tag{6-7}$$

$$V_{g1} = (e_0 - e_1)V_s \tag{6-8}$$

$$V_{g2} = \alpha\left(e_1 V_s - \frac{m_{bw}}{\rho_w}\right) \tag{6-9}$$

$$V_{fwc} = (1 - \alpha)\left(e_1 V_s - \frac{m_{bw}}{\rho_w}\right) \tag{6-10}$$

式中：V_g 为复合体中浆液的体积；V_{g1} 为复合体中"盘状"浆脉的体积；V_{g2} 为压密后土体孔隙中的浆液体积；e_1 为压密后土体部分的孔隙比；α 为浆液填充系数，渗透部分浆液量的计算采用该系数的取值范围，即 $0.6 \sim 0.9$，鉴于该模型中被注对象为黏性土且浆脉形成过程中有压力消散现象，取 $\alpha = 0.6$；V_{fwc} 为压密后土体孔隙中自由水的体积。

注浆复合体中土、灰、水的质量如下。

$$m_s = V_s \cdot \rho_s \tag{6-11}$$

$$m_c = \frac{V_g \cdot \rho_g}{1 + r} \tag{6-12}$$

$$m_w = m_c \cdot r + m_{bw} + V_{fwc} \cdot \rho_w \tag{6-13}$$

式中：ρ_s 为土颗粒密度；m_c 为水泥质量；ρ_g 为浆液密度；r 为水灰比；m_w 为水的总质量。

最终，得到试验所需的水、水泥、黏土的含量如表 6-5 所示。

注浆复合体中各组分含量　　　　　　　　　　　　　表 6-5

注浆压力/MPa	组分	水灰比				
		0.8	0.9	1	1.1	1.2
1.5	水/g	—	—	100.0	—	—
	水泥/g	—	—	52.5	—	—
	土/g	—	—	260.5	—	—
1.75	水/g	—	—	100.0	—	—
	水泥/g	—	—	53.4	—	—
	土/g	—	—	261.0	—	—

续表

注浆压力/MPa	组分	水灰比				
		0.8	0.9	1	1.1	1.2
2.0	水/g	100.0	100.0	100.0	100.0	100.0
	水泥/g	65.7	59.3	54.1	49.4	45.6
	土/g	270.1	265.5	261.5	259.7	257.9
2.25	水/g	—	—	100.0	—	—
	水泥/g	—	—	54.8	—	—
	土/g	—	—	262.1	—	—
2.5	水/g	—	—	100.0	—	—
	水泥/g	—	—	55.6	—	—
	土/g	—	—	262.6	—	—

2）试验方案设计

（1）试件制作及尺寸

把水、水泥与备置好的土按前述比例,使用水泥胶砂搅拌机搅拌后制成尺寸为 160mm×160mm×40mm 的试件用以测试注浆复合体抗压强度,制成尺寸为 50mm（直径）×50mm（高）的圆柱试件用以测试注浆复合体渗透系数,制成尺寸为 50mm（直径）×100mm（高）的圆柱试件用以测试注浆复合体的应力-应变曲线。

（2）侵蚀溶液配置

为了探寻海水中离子对注浆复合体的单一弱化机理及海水复合弱化作用,分别在 Cl^- 溶液、SO_4^{2-} 溶液、Mg^{2+} 溶液及海水环境下开展侵蚀试验。查得海水中主要离子为 Mg^{2+}、K^+、Na^+、Cl^-、SO_4^{2-},其主要含量如表 6-6 所示。

海水主要离子含量　　　　表 6-6

离子	Mg^{2+}	K^+	Na^+	Ca^{2+}	Cl^-	SO_4^{2-}	HCO_3^-	CO_3^{2-}
离子含量/（mg/L）	1157.51	11511.03		396.69	18091.03	2852.26	141.41	6.05

试验所用侵蚀溶液中离子浓度均取海水中离子浓度 10 倍,则各溶液所需盐浓度如表 6-7 所示。

配置各侵蚀溶液所需盐浓度表　　　　表 6-7

溶液类型	Cl^-溶液	SO_4^{2-}溶液	Mg^{2+}溶液	人工海水		
配置所用盐	NaCl	Na_2SO_4	$Mg(CH_3COO)_2 \cdot 4H_2O$	$MgSO_4 \cdot 7H_2O$	$MgCl_2$	NaCl
所需盐浓度/（g/L）	297.80	42.17	103.65	73.17	17.75	276.00

（3）试验设计

本试验选取注浆压力、浆液水灰比、侵蚀试验时间三个影响因素开展海水对注浆复合体侵蚀弱化机理研究，其中各影响因素的选取范围及依据为：

注浆压力选取 1.5MPa、1.75MPa、2MPa、2.25MPa 及 2.5MPa 五个水平，注浆压力范围与强风化土的压缩特性有关，过低时扩散范围小，注浆效果差，过高则引起土体的破坏失效，本试验中注浆压力范围取 1.5～2.5MPa[6]；水灰比选取 0.8∶1、0.9∶1、1∶1、1.1∶1 及 1.2∶1 五个水平，水灰比影响着浆液在岩（土）体中的渗透能力，故相比于混凝土，注浆浆液的水灰比一般较高，本试验中浆液水灰比范围选为 0.8∶1～1.2∶1 之间；侵蚀试验时间选取 3d、7d、14d、28d 及 42d 五个水平，为水泥基材料试验常用龄期，试验设计如表 6-8 所示。

同时，设置对照组来探究动水环境对注浆复合体弱化的影响规律，其名称及试验条件分别是：动水侵蚀组，注浆复合体置于流动侵蚀溶液环境下开展试验；静水侵蚀组，注浆复合体放于含有相同浓度侵蚀溶液的密封袋中，使其置于静态侵蚀溶液环境下；淡水对照组，注浆复合体放于盛有淡水的密封袋中，使其置于静态的淡水养护环境中。三组间依次改变溶液环境及流动条件，其余参数（如水灰比、注浆压力、侵蚀/养护时间）与温度均保持一致。

正交试验设计　　　　　　　　　　　　　　表 6-8

试验编号	注浆压力/MPa	水灰比	侵蚀试验时间/d
1	2	1∶1	3
2	1.5	1∶1	3
3	1.75	1∶1	3
4	2.25	1∶1	3
5	2.5	1∶1	3
6	2	0.8∶1	3
7	2	0.9∶1	3
8	2	1.1∶1	3
9	2	1.2∶1	3
10	2	1∶1	7
11	2	1∶1	14
12	2	1∶1	28
13	2	1∶1	42

3）加速侵蚀设计

本试验通过温度与浓度两个参数来提高离子对注浆复合体的侵蚀速度。其中温度方面，主要是通过提高温度，增加离子的活化能以加快化学反应。

根据 Arrhenius 方程：

$$K = \exp\left[\frac{E}{R}\left(\frac{1}{T_1} - \frac{1}{T_2}\right)\right] \tag{6-14}$$

式中：E/R 为活化能；T_1 为原来的反应温度；T_2 为试验的反应温度。

这里 E/R 的取值分别为：Cl^- 环境中取 14242[7]、SO_4^{2-} 环境中取 7000[8-9]、Mg^{2+} 环境中取 6182[10-12]。海底岩层 25m 处温度取 15℃，试验温度采用恒温 40℃。

浓度加速方面，根据加速试验化学反应级数：

$$F_d = \frac{C_s^{lab}}{C_s} \tag{6-15}$$

式中：C_s^{lab} 为室内试验中离子浓度；C_s 为海水离子浓度。试验中离子浓度取海水中的十倍。

试验中的总加速系数 $K_t = K \cdot F_d$，计算结果如表 6-9 所示。本试验不考虑侵蚀离子间的耦合作用，海水环境下的加速倍数选取单一离子中最小的加速系数。

单一离子及海水侵蚀环境下加速系数　　　　　　　　　　表 6-9

离子种类	Cl^-	SO_4^{2-}	Mg^{2+}	海水
E/R	14242	7000	6182	6182
加速系数	517.20	69.54	55.44	55.44

则本试验中的加速后理论侵蚀时间与试验侵蚀时间对应关系如表 6-10 所示。

试验侵蚀时间和实际侵蚀时间对应关系　　　　　　　　表 6-10

试验侵蚀时间/d		3	7	14	28	42
加速后理论侵蚀时间/a	Cl^-	4.251	9.919	19.838	39.676	59.513
	SO_4^{2-}	0.572	1.334	2.667	5.335	8.002
	Mg^{2+}	0.456	1.063	2.126	4.253	6.379
	海水	0.456	1.063	2.126	4.253	6.379

4）试验结果测试方法

（1）注浆复合体强度测试

把注浆复合体折断后置于夹具下，使用压力试验机开展强度试验，根据《水泥胶砂强度检验方法（ISO 法）》GB/T 17671—1999，其加载速率为 2.4kN/s，抗压强度计算如式(6-16)所示。

$$R_c = \frac{F_c}{A} \tag{6-16}$$

式中：R_c 为抗压强度，MPa；F_c 为试件破坏时最大荷载，N；A 为受压部分面积，mm^2。

（2）注浆复合体渗透系数测试

使用渗透仪测试注浆复合体的渗透系数，将渗透仪压力室打开，放入直径 50mm 高 50mm 的标准试件，盖上盖子并拧紧，主机出水口连接压力室，手动泵加载合适围压，开动水压泵加压，待量筒中液面稳定上升后开始计时，记录试验前后的渗流量，计算注浆复合体渗透系数如下：

$$k = \frac{VL\rho g}{\pi r^2 \Delta_\mathrm{p} t} \tag{6-17}$$

式中：k为渗透系数，cm/s；V为水渗透体积，mL；L为试件高度，cm；ρ为水的密度，kg/m³；g为重力加速度，N/kg；r为试件横截面半径，cm；Δ_p为试件两端压力差，MPa；t为时间，s。

（3）应力-应变曲线测试

使用万能试验机测量注浆复合体应力-应变曲线，将应变片竖向粘贴于注浆复合体上（图6-16），使用采集仪（图6-17）记录加载过程中贴片处应变与加载力值，绘制应力-应变曲线。

图 6-16　注浆复合体应力-应变曲线测试　　　　图 6-17　应变信号采集仪

（4）微观测试

从试件取下 4mm 左右薄片（图6-18），抽真空后喷金（图6-19），置于电子显微镜下（SEM）观察其微观结构，对比不同环境下注浆复合体的微观结构差异特征，同时开展能谱分析（EDS）检测其元素组成，并对比差异。如图6-20、图6-21所示。

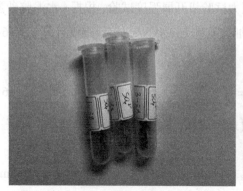

图 6-18　注浆复合体 SEM 观测样品　　　　图 6-19　SEM 样品喷金处理

图 6-20　SEM 样品固定　　　　　　　　　　　图 6-21　进行观测

取注浆复合体，烘干后研磨为 10～20μm 粉末（图 6-22），开展 X 射线衍射仪（XRD）测试，可分析注浆复合体的晶体组成，对比不同环境下注浆复合体的反应产物差异。

图 6-22　注浆复合体研磨粉末

6.2 | 试验结果分析

6.2.1　单一离子侵蚀环境下注浆复合体弱化规律

现有研究多探究海水对注浆复合体的侵蚀与弱化，尚未系统开展海水主要离子（Cl^-、SO_4^{2-}、Mg^{2+}）的作用机理与规律研究，本节基于加速侵蚀理论，开展了单一离子侵蚀环境下的注浆复合体侵蚀弱化试验，探究不同侵蚀时间、水灰比、注浆压力下注浆复合体的抗压强度与渗透系数的变化规律，并对侵蚀后的注浆复合体开展微观测试与分析，探究海水对注浆复合体的侵蚀弱化机理。

1. 氯离子侵蚀环境下注浆复合体弱化规律

1）侵蚀时间对注浆复合体弱化规律影响

（1）不同侵蚀时间下（其他条件：水灰比为 1、注浆压力为 2.0MPa），注浆复合体的强度变化曲线如图 6-23 所示。其中初始的数值为脱模后的抗压强度。如图 6-23 所示，淡水对照组中注浆复合体的强度在对应实际侵蚀时间为 20a 的时候才达到了峰值的 95% 左右，此后缓慢地增长，这是因为试验的加速设计仅针对 Cl⁻ 的侵蚀反应而非水泥的水化反应与其产物胶结作用，其加倍速率远不及 Cl⁻ 的侵蚀反应。淡水对照组的抗压强度在实际试验时间达到 14d 左右时接近了高峰，这是因为较高的环境温度加速了水泥熟料的水化反应及 C-S-H 凝胶的生成，使得注浆复合体的强度峰值提前到来。

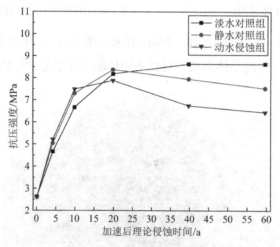

图 6-23　侵蚀时间对抗压强度的影响

在试验前期（0～10a），三组注浆复合体的抗压强度大小及增长速度大小对比为：动水侵蚀组 ＞ 静水侵蚀组 ＞ 淡水对照组。处在侵蚀环境下的静水侵蚀组和动水侵蚀组的注浆复合体的强度反而更大，其原因是渗透入注浆复合体的 Cl⁻ 会与水化产物 $Ca(OH)_2$ 及 C_3A 反应生成费氏盐，该产物填充了复合体孔隙，从而使得注浆复合体的抗压强度增大。在试验中期（10～20a），动水侵蚀组与静水侵蚀组注浆复合体的强度率先达到了峰值，随后出现下降的趋势；而淡水对照组的注浆复合体强度尚在上升期间。到了试验后期（20～60a），处在侵蚀环境下的静水侵蚀组和动水侵蚀组注浆复合体的强度出现了明显的降低，到了 60a 时，动水侵蚀组抗压强度为 7.54MPa，静水侵蚀组抗压强度为 6.45MPa，相较于淡水对照组的最高值 8.66MPa，分别下降了 12.9% 与 25.5%。这是因为前期费氏盐的生成虽然填充了一部分注浆复合体的孔隙，增大其强度，但是费氏盐胶结能力弱，随着 $Ca(OH)_2$ 的溶出，部分费氏盐会分解或被水流冲蚀带出复合体结构，反而加大了孔隙，降低了强度。

三条曲线的峰值分别是：淡水对照组为 8.66MPa；静水侵蚀组为 8.40MPa；动水侵蚀

组为 8.06MPa。静水侵蚀组与动水侵蚀组中复合体的强度峰值小于淡水对照组，这说明 Cl⁻ 的弱化侵蚀作用是持续存在的，前期较快的强度增长是因为水化反应与费氏盐带来的增强效应大于 Cl⁻ 的弱化效应，在宏观性能上 Cl⁻ 表现出了增强作用。

（2）不同侵蚀时间下（其他条件：水灰比为 1∶1、注浆压力为 2.0MPa），注浆复合体的渗透系数变化曲线如图 6-24 所示。其中初始的数值为脱模后的渗透系数。由图 6-24 所示，淡水对照组中注浆复合体的渗透系数同样在 20a 的时候就达到了最值，不同于抗压强度的是，其后渗透系数有缓慢的增长。这是因为饱和的环境会让部分黏土颗粒顺着孔隙流失，从而增加渗透系数。但流失的土颗粒不参与复合体的结构形成，不会对强度造成影响。

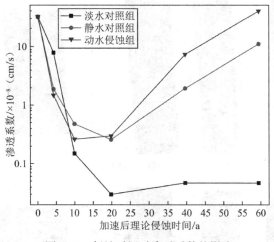

图 6-24　侵蚀时间对渗透系数的影响

在试验前期（0～5a），三组注浆复合体的渗透系数大小对比为：动水侵蚀组＜静水侵蚀组＜淡水对照组。在 Cl⁻ 的作用下，动水侵蚀组与静水侵蚀组的渗透系数明显小于淡水对照组，这是因为生成的费氏盐有效地填充了复合体的孔隙，增强了复合体的抗渗性能。在试验中期（5～20a），三组复合体的渗透系数达到了最小值，动水侵蚀组为 0.30×10^{-8} cm/s，静水侵蚀组是 0.26×10^{-8} cm/s，淡水对照组是 0.03×10^{-8} cm/s，其中淡水对照组的值远小于动水侵蚀组与静水侵蚀组。而到了试验后期（20～60a），处在侵蚀环境下的静水侵蚀组和动水侵蚀组的注浆复合体的渗透系数大幅增大，在 60a 时，动水侵蚀组的渗透系数超过了其初始值，这是因为动水环境大量带出了费氏盐与不参与构成强度的土颗粒，导致了孔隙的增加与贯通。

图 6-25 是加速后理论侵蚀时间 60a 时三组注浆复合体试件图片，可清晰看出淡水对照组中试件表面光滑、致密无明显孔隙；而静水对照组中试件表面粗糙，有白色结晶析出，为崩解流出的费氏盐在表面的沉积所致；这种情况在动水侵蚀组中更加明显，试件表面能看见大量的结晶析出，这是因为水流对试件表面的冲蚀并提供源源不断的氯离子渗透入复合体内部，导致大量的费氏盐生成，进而析出到外部。

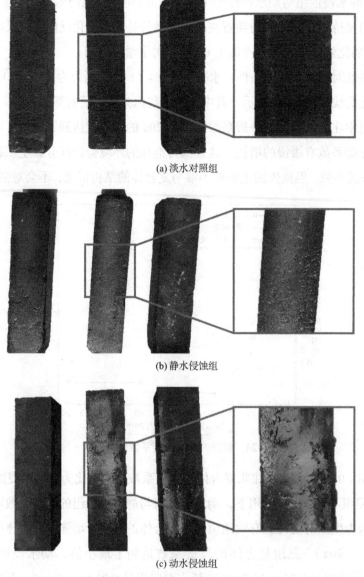

(a) 淡水对照组

(b) 静水侵蚀组

(c) 动水侵蚀组

图 6-25　60a 时注浆复合体对比

2）水灰比对注浆复合体弱化规律影响

（1）不同水灰比下（其他条件：加速后理论侵蚀时间为 4.3a、注浆压力为 2.0MPa），注浆复合体的强度如图 6-26 所示。由图 6-26 可知，注浆复合体的强度随水灰比的增大而减小，但其降低率越来越小。在水灰比较小时，前期水的比例不足以为水泥水化反应提供全部水分，水灰比影响着前期的水化速率与胶结程度，导致其变化对复合体的强度影响较大；在水灰比较大时，前期水的含量超过水泥水化反应所需水，水灰比影响着复合体的孔隙率，导致其变化对复合体的强度影响较小。三组复合体的抗压强度大小对比为：动水侵蚀组 > 静水侵蚀组 > 淡水对照组。而且，随着水灰比的增大，三组注浆复合体的强度差距越来越大。这是因为水灰比的增加会提高复合体的孔隙率，而在前期 Cl^- 是通过反应产物填充孔隙增强复合体的，孔隙率的增加促进了 Cl⁻的渗透，导致 Cl⁻对抗压强度的影响增大。

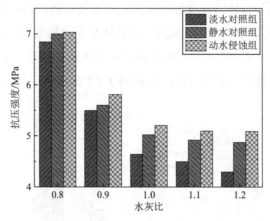

图 6-26　水灰比对抗压强度的影响

（2）不同水灰比下（其他条件：加速后理论侵蚀时间为 4.3a、注浆压力为 2.0MPa），注浆复合体的渗透系数如图 6-27 所示。由图 6-27 可知，注浆复合体的强度随水灰比的增大而增大。水灰比的增大会导致水泥的含量降低，导致形成的 C-S-H 凝胶减少，复合体的孔隙率与渗透系数增大。三组复合体的渗透系数大小对比为：动水侵蚀组＜静水侵蚀组＜淡水对照组。而且，随着水灰比的增大，三组注浆复合体的渗透系数越来越大。这是因为水灰比的增大会提高复合体的孔隙率，而在前期 Cl⁻是通过反应产物填充孔隙起增强复合体的效果的，孔隙率的增大促进了 Cl⁻的渗透，导致 Cl⁻对渗透系数的影响增大。

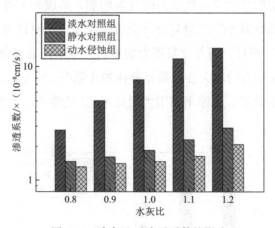

图 6-27　水灰比对渗透系数的影响

3）注浆压力对注浆复合体弱化规律影响

（1）不同注浆压力下（其他条件：加速后理论侵蚀时间是 4.3a、水灰比是 1），注浆复合体的强度如图 6-28 所示。由图 6-28 可知，注浆复合体的强度随注浆压力的增大而增大，但其增长率越来越大。在注浆压力较小时，前期水的含量超过水泥水化反应所需水，注浆压力影响着复合体的孔隙率，导致其变化对复合体的强度影响较小；在注浆压力较大时，前期水的比例不足以为水泥水化反应提供全部水分，注浆压力影响着前期的水化速率与胶结程度，导致其变化对复合体的强度影响较大。三组复合体的抗压强度大小对比为：动水侵蚀组 > 静水侵蚀组 > 淡水对照组。而且，随着注浆压力的增大，三组注浆复合体的强度差距越来越小，这是因为注浆压力的增大会降低复合体的孔隙率，而在前期 Cl^- 是通过反应产物填充孔隙增强复合体的，孔隙率的降低阻碍了 Cl^- 的渗透，导致 Cl^- 对抗压强度的影响减小。

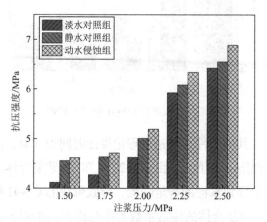

图 6-28　注浆压力对抗压强度的影响

（2）不同注浆压力下（其他条件：加速后理论侵蚀时间是 4.3a、水灰比是 1），注浆复合体的渗透系数如图 6-29 所示。由图 6-29 可知，注浆复合体的渗透系数随注浆压力的增大而减小。注浆压力的增大会导致水泥的含量增加，形成的 C-S-H 凝胶增加，导致复合体的孔隙率与渗透系数减小。三组复合体的抗压强度大小对比为：动水侵蚀组 > 静水侵蚀组 > 淡水对照组。而且，随着注浆压力的增大，三组注浆复合体的渗透系数差距越来越小，这是因为注浆压力的增大会降低复合体的孔隙率，而在前期 Cl^- 是通过反应产物填充孔隙增强复合体的效果，孔隙率的增大阻碍了 Cl^- 的渗透，导致 Cl^- 对抗压强度的影响效果减弱。

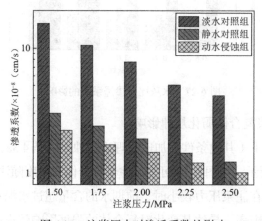

图 6-29　注浆压力对渗透系数的影响

4）注浆复合体微观测试

选取加速后理论侵蚀时间为 60a 的注浆复合体试样，通过 SEM、EDS 和 XRD 等方法观察其微观结构和成分的变化。SEM 结构与对应的 EDS 扫描如图 6-30 所示，三组复合体的主要元素比例如表 6-11 所示，XRD 图谱如图 6-31 所示。

从图 6-30、图 6-31 和表 6-11 可以看出，淡水对照组的结构致密有序，胶结性和整体性较好，孔隙较少，呈层状结构，主要成分由 O、Ca、Si 等元素组成，其主要结构的组成为 C-S-H 凝胶。而在静水侵蚀组中，出现无序的孔洞，结构松散，出现一定含量的 Cl 元素，且 XRD 图谱能看到费氏盐的典型波峰，说明有费氏盐生成。此时 Cl 与 Al 的原子质量比为 0.77，而费氏盐中 Cl/Al 原子比为 1.0，说明注浆复合体中水化铝酸钙尚未完全和氯离子反应，同时 Al 元素减少说明有部分费氏盐已经流失。到了动水侵蚀组中，孔隙更加明显且开始合并，直径变大，成分里 O 与 S 含量的减少，说明水化生成的钙矾石出现崩解流失。此时 Cl 与 Al 的原子质量比为 3.65，说明水化铝酸钙已完全转化为费氏盐，已有多余氯离子在复合体中积累，Al 含量的进一步减少表明在海水流动的影响下费氏盐的流失更加严重。

以上结果表明氯离子的侵蚀作用会提高注浆复合体的孔隙率与贯通性，孔隙的增大会减小抗压强度，孔隙的合并与贯通会增大其渗透系数，从而弱化注浆复合体的加固与防渗能力；动水环境的存在会加快氯离子的输入，同时促进水泥水化产物与氯离子侵蚀产物的流出，加快孔隙与裂隙的扩展，进一步弱化注浆复合体的强度与防渗能力。

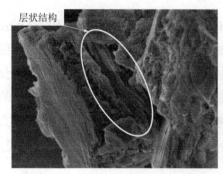
(a) 淡水对照组

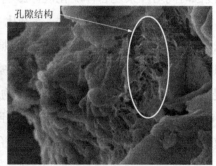
(b) 静水侵蚀组

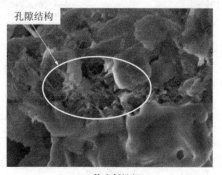
(c) 静水侵蚀组

图 6-30　注浆复合体 60a 时电镜扫描结构

不同侵蚀条件下注浆复合体的主要元素占比　　　表 6-11

元素	O	Ca	Si	Al	C	Fe	S	Na	Cl
淡水对照组/%	45.81	19.55	19.48	9.78	2.68	1.73	0.25	—	—
静水侵蚀组/%	35.38	21.32	19.53	7.6	2.25	2.38	0.23	2.91	7.68
动水侵蚀组/%	19.58	28.08	20.81	3.51	1.97	0.28	0.17	8.49	16.84

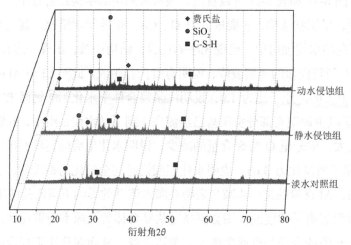

图 6-31　注浆复合体 60a 时 XRD 图谱

2. 硫酸根侵蚀环境下注浆复合体弱化规律

1）侵蚀时间对注浆复合体弱化规律影响

（1）不同侵蚀时间下（其他条件：水灰比 1、注浆压力 2.0MPa），注浆复合体的强度变化曲线如图 6-32 所示。由图 6-32 可知，淡水对照组中注浆复合体的强度在加速后理论侵蚀时间为 3a 的时候才达到了峰值的 85% 左右，此后缓慢地增长。这是因为试验的加速设计仅针对硫酸根的侵蚀反应而非水泥的水化反应与其产物胶结作用，其加倍速率远不及硫酸根的侵蚀反应。淡水对照组的抗压强度在实际试验时间达到 14d 左右就接近了高峰。这是因为较高的环境温度加速了水泥熟料的水化反应及 C-S-H 凝胶的生成，使得注浆复合体的强度峰值提前到来。

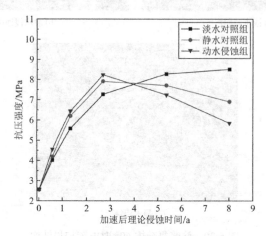

图 6-32　侵蚀时间对抗压强度的影响

在试验前中期（0～3a），三组注浆复合体的抗压强度大小及增长速度大小对比为：动水侵蚀组 > 静水侵蚀组 > 淡水对照组。处在侵蚀环境下的静水侵蚀组和动水侵蚀组的注浆复合体的强度反而更大。这是因为渗透入注浆复合体的硫酸根会同水化产物中的 $Ca(OH)_2$ 与 C_3A 反应生成钙矾石，填充了复合体孔隙，使复合体结构更加稳固，从而使得注浆复合体的抗压强度增大。在 3a 时动水侵蚀组与静水侵蚀组注浆复合体的强度率先达到了峰值，随后出现下降的趋势，而淡水对照组的注浆复合体的强度尚在上升期间。到了试验后期（3～8a），处在侵蚀环境下的静水侵蚀组和动水侵蚀组的注浆复合体的强度出现了明显的降低，8a 时，动水侵蚀组组抗压强度为 5.84MPa，静水侵蚀组组抗压强度为 6.89MPa，相较于淡水对照组的最高值 8.49MPa，分别下降了 31.2%与 18.8%。其原因在于，前期钙矾石的生成虽然填充了一部分注浆复合体的孔隙，增大了强度，但是钙矾石体积约为原 C_3A 的 2.5 倍，随着其不断生成，晶体体积膨胀带来的应力会在注浆复合体内部形成裂缝，反而加大了孔隙的贯通度，降低了强度。

三条曲线的峰值分别是：淡水对照组为 8.49MPa；静水侵蚀组为 7.89MPa；动水侵蚀组为 8.22MPa。可以看出，在静水侵蚀组与动水侵蚀组，复合体的强度峰值是小于淡水对照组的，这说明硫酸根的弱化侵蚀作用一直存在，前期较快的强度增长是因为水化反应与钙矾石带来的增强效应大于硫酸根的弱化效应，在宏观性能上的体现了硫酸根的增强作用。

（2）不同侵蚀时间下（其他条件：水灰比是 1、注浆压力为 2.0MPa），注浆复合体的渗透系数变化曲线如图 6-33 所示。其中初始的数值为脱模后的渗透系数。由图 6-33 可知，淡水对照组中注浆复合体的渗透系数同样在 2.7a 的时候就达到了最小值，不同于抗压强度的是，其后渗透系数缓慢增长。这是因为浸在淡水中会让部分黏土颗粒顺着孔隙流失，从而提高渗透系数，但流失的土颗粒不参与复合体的结构形成，不会对强度造成影响。

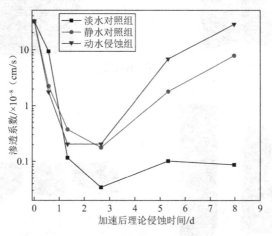

图 6-33　侵蚀时间对渗透系数的影响

在试验前期（0～1.3a），三组注浆复合体的渗透系数大小对比为：动水侵蚀组 < 静

水侵蚀组＜淡水对照组。在硫酸根的作用下，动水侵蚀组与静水侵蚀组的渗透系数明显小于淡水对照组，这是因为生成的钙矾石有效地填充了复合体的孔隙，提高了复合体的抗渗性能。在 2.7a 时，三组复合体的渗透系数达到了最小值，动水侵蚀组是 0.20×10^{-8}cm/s，静水侵蚀组是 0.18×10^{-8}cm/s，淡水对照组是 0.035×10^{-8}cm/s，其中淡水对照组的值远小于动水侵蚀组与静水侵蚀组。而到了试验后期（2.7～8a），处在侵蚀环境下的静水侵蚀组和动水侵蚀组的注浆复合体的渗透系数大幅增加，在 8a 时，动水侵蚀组的渗透系数已接近其初始值，这是因为生成的钙矾石晶体带来的内应力的增大，导致孔隙增加并贯通。

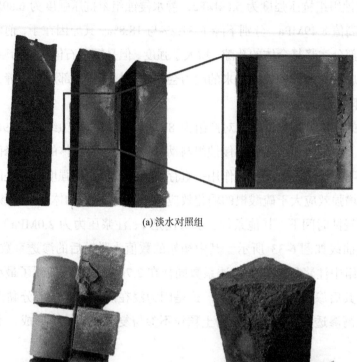

(a) 淡水对照组

(b) 静水侵蚀组

(c) 动水侵蚀组

图 6-34　8a 时注浆复合体对比

图 6-34 是 8a 时三组注浆复合体试件图片，可清晰看出淡水对照组中试件表面光滑、致密无明显孔隙；而静水对照组中试件有明显开裂现象，试件边角脱落严重，暴露出内部结构；这种情况在动水侵蚀组中更加明显，试件裂缝更加明显，质量损失更加严重，这是因为水流会冲走从试件表面剥落的碎屑，使内部结构暴露于侵蚀环境下，加速了试件的侵蚀弱化。

2）水灰比对注浆复合体弱化规律影响

不同水灰比下（其他条件：加速后理论侵蚀时间为 0.6a、注浆压力为 2.0MPa），注浆复合体的强度如图 6-35 所示。由图 6-35 可知，注浆复合体的强度随水灰比的增大而减小，但其降低率越来越小。在水灰比较小时，前期水的比例不足以为水泥水化反应提供全部水分，水灰比影响着前期的水化速率与胶结程度，其变化对复合体的强度影响较大；当水灰比较大时，前期水的含量超过水泥水化反应所需水，水灰比影响着复合体的孔隙率，导致其变化对复合体的强度影响较小。三组复合体的抗压强度大小对比为：动水侵蚀组 > 静水侵蚀组 > 淡水对照组。随着水灰比的增大，三组注浆复合体的强度差距越来越大。这是因为水灰比的增加会提高复合体的孔隙率，孔隙率的增大促进了硫酸根的渗透，导致硫酸根对抗压强度的影响增大。

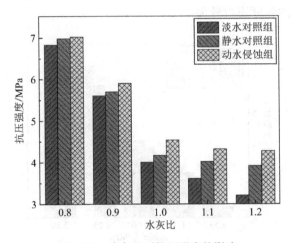

图 6-35　水灰比对抗压强度的影响

不同水灰比下（其他条件：加速后理论侵蚀时间为 0.6a、注浆压力为 2.0MPa），注浆复合体的渗透系数如图 6-36 所示。由图 6-36 可知，注浆复合体的渗透系数随水灰比的增大而增大。水灰比的增大会导致水泥的含量降低，导致形成的 C-S-H 凝胶减少，复合体的孔隙率与渗透系数增大。三组复合体的渗透系数大小对比为：动水侵蚀组 < 静水侵蚀组 < 淡水对照组。随着水灰比的增大，三组注浆复合体的渗透系数越来越大。这是因为水灰比的增大会提高复合体的孔隙率，前期硫酸根是通过反应产物填充孔隙增强复合体的，孔隙率的增大促进了硫酸根的渗透，导致硫酸根对渗透系数的影响效果提高。

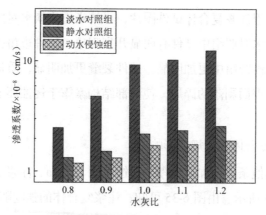

图 6-36　水灰比对渗透系数的影响

3）注浆压力对注浆复合体弱化规律影响

不同注浆压力下（其他条件：加速后理论侵蚀时间是 0.6a、水灰比是 1），注浆复合体的强度如图 6-37 所示。由图 6-37 可知，注浆复合体的强度随注浆压力的增大而增大，且其增长率越来越大。在注浆压力较小时，前期水的含量超过水泥水化反应所需水，注浆压力影响着复合体的孔隙率，导致其变化对复合体的强度影响较小；在注浆压力较大时，前期水的比例不足以为水泥水化反应提供全部水分，注浆压力影响着前期的水化速率与胶结程度，其变化对复合体的强度影响较大。

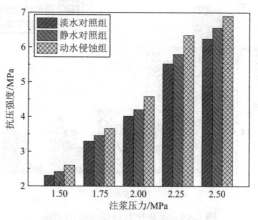

图 6-37　注浆压力对抗压强度的影响

不同注浆压力下（加速后理论侵蚀时间 0.6a、水灰比是 1），注浆复合体的渗透系数如图 6-38 所示。由图 6-38 可知，注浆复合体的渗透系数随注浆压力的增大而减小。注浆压力的增大会导致水泥的含量增加，形成的 C-S-H 凝胶增加，导致复合体的孔隙率与渗透系数减小。三组复合体的抗压强度大小对比为：动水侵蚀组 > 静水侵蚀组 > 淡水对照组。而且，随着注浆压力的增大，三组注浆复合体的渗透系数差距在减小，这是因为注浆压力的增大会降低复合体的孔隙率，而在前期硫酸根对复合体的增强效果就是反应产物填充孔隙，孔隙率的降低导致硫酸根对渗透系数的影响降低。

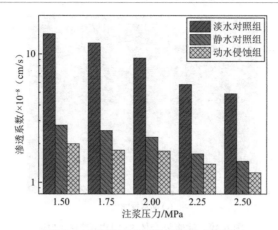

图 6-38　注浆压力对渗透系数的影响

4）注浆复合体微观测试

选取加速后理论侵蚀时间为 8a 的注浆复合体试样，通过 SEM、EDS 和 XRD 等观察其微观结构和成分的变化。SEM 结构如图 6-39 所示，三组复合体的主要元素比例如表 6-12 所示，XRD 图谱如图 6-40 所示。

从图 6-39、表 6-12 和图 6-40 可以看出，淡水对照组的结构致密有序，胶结性和整体性较好，孔隙较少，主要成分由 O、Ca、Si 组成，其主要结构组成为 C-S-H 凝胶；而在静水侵蚀组中，复合体结构疏松多孔，有明显的针棒状结晶，同时 S 元素含量对比淡水对照组有所提高，说明有钙矾石生成，引起孔隙结构扩展与合并，此时 S 与 Al 的原子质量比为 1.06，而钙矾石中 S/Al 原子比为 1.5，AFm 中 S/Al 原子比为 0.5，说明此时复合体中是钙矾石与 AFm 共存；而在动水侵蚀组中，可以看到更加明显的钙矾石晶体，且尺寸相较于静水侵蚀组更大，此时 S 与 Al 的原子质量比为 1.31，进一步生成钙矾石，注浆复合体的孔隙结构进一步破坏、贯通。

以上结果表明，硫酸盐的渗透与侵蚀会破坏注浆复合体旧的水泥结构，大量生成的钙矾石会降低注浆复合体的强度与抗渗性能；动水环境会加速这一侵蚀过程，加快钙矾石的生成，促进注浆复合体弱化。

(a) 淡水对照组

(b) 静水侵蚀组

(c) 动水侵蚀组

图 6-39　注浆复合体 8a 时电镜扫描结构

不同侵蚀条件下注浆复合体的主要元素占比　　　　　表 6-12

元素	O	Si	Ca	Mg	Al	Fe	C	Na	S
淡水对照组/%	42.07	16.16	14.65	9.26	6.92	4.68	2.86	—	3.05
静水侵蚀组/%	38.56	15.71	28.22	0.03	5.51	2.59	1.98	0.46	6.91
动水侵蚀组/%	36.7	16.04	30.66	0.05	4.81	1.23	2.24	0.45	7.42

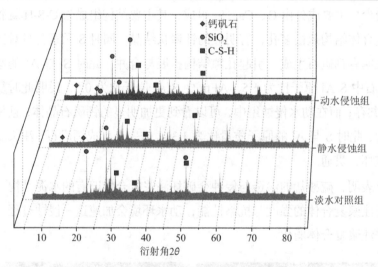

图 6-40　注浆复合体 8a 时 XRD 图谱

3. 镁离子侵蚀环境下注浆复合体弱化规律

1）侵蚀时间对注浆复合体弱化规律影响

（1）不同侵蚀时间下（其他条件：水灰比 1、注浆压力 2.0MPa），注浆复合体的强度变化曲线如图 6-41 所示。由图 6-41 可知，淡水对照组中注浆复合体的强度在加速后理论侵蚀时间为 2a 的时候才达到了峰值的 95% 左右，此后缓慢地增长。这是因为试验的加速设计仅针对镁离子的侵蚀反应，而非水泥的水化反应与其产物胶结作用，其加倍速率远不及镁离子的侵蚀反应加倍速率。淡水对照组的抗压强度在实际试验时间达到 14d 左右就接近了高峰，这是因为较高的环境温度加速了水泥熟料的水化反应及 C-S-H 凝胶的生成，使得注浆复合体的强度峰值提前到来。

不同于前述两种离子，镁离子侵蚀环境下，整个试验过程中三组注浆复合体的抗压强度大小对比为：动水侵蚀组 < 静水侵蚀组 < 淡水对照组。这是因为渗入注浆复合体的镁离子会同水化产物中的 Ca(OH)$_2$ 反应生成难溶的 Mg(OH)$_2$，会降低整个胶凝环境的 pH 值，致使水泥水化产物不断分解[13]，水泥浆硬化结构变得疏松甚至解体，为其他腐蚀组分的渗入创造了条件，加速侵蚀的进程。同时，镁离子与 C-S-H 凝胶生成 M-S-H，不具有胶结能力，C-S-H 凝胶向 M-S-H 的不断转化会造成凝胶结构的崩溃与失效。

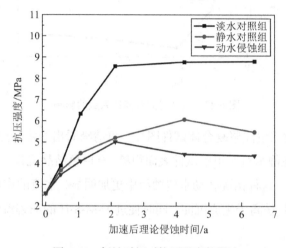

图 6-41　侵蚀时间对抗压强度的影响

（2）不同侵蚀时间下（其他条件：水灰比是 1、注浆压力为 2.0MPa），注浆复合体的渗透系数变化曲线如图 6-42 所示。其中初始的数值为脱模后的渗透系数。由图 6-42 可知，淡水对照组中注浆复合体的渗透系数同样在 2a 的时候就达到了最小值，不同的是，其后渗透系数有缓慢的增长。这是因为饱和的环境会让部分黏土颗粒顺着孔隙流失，从而提高渗透系数。但流失的土颗粒不参与复合体的结构形成，不会对强度形成影响。

在试验前期（0～1a），三组注浆复合体的渗透系数大小对比为：动水侵蚀组 < 静水侵蚀组 < 淡水对照组。在镁离子的作用下，动水侵蚀组与静水侵蚀组的渗透系数小于淡水对照组，因为虽然生成的 Mg(OH)$_2$ 与 M-S-H 凝胶对注浆复合体不具备增加强度作用，但前期仍有效地填充了复合体的孔隙，提高了复合体的抗渗性能。动水侵蚀组注浆复合体在 1a 达到了最小值，淡水对照组与静水侵蚀组在 2.1a 达到了最小值，最小值分别为动水侵蚀组 0.14 × 10^{-8}cm/s，静水侵蚀组 0.15 × 10^{-8}cm/s，淡水对照组 0.029 × 10^{-8}cm/s，淡水对照组的值远小于动水侵蚀组与静水侵蚀组。而到了试验后期（2.1～6.4a），处在侵蚀环境下的静水侵蚀组和动水侵蚀组的注浆复合体的渗透系数大幅增大，在 6.4a 时，动水侵蚀组的渗透

系数已接近其初始值，这是因为生成的 $Mg(OH)_2$ 与 M-S-H 在动水的作用下逐渐溶解或脱落出试件，导致孔隙增加并贯通。

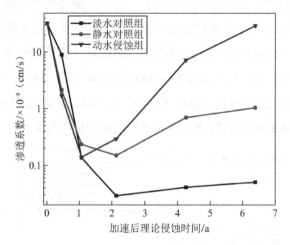

图 6-42　侵蚀时间对渗透系数的影响

图 6-43 是 6.4a 时三组注浆复合体试件图片，可清晰看出淡水对照组中试件表面光滑、致密无明显孔隙；而在静水对照组中试件表面粗糙，有白色结晶沉积，是侵蚀生成 $Mg(OH)_2$ 与 M-S-H 的沉积所致；这种情况在动水侵蚀组中更加明显，水流的作用加速了复合体孔隙溶液中 OH^- 的流出，与镁离子生成沉淀，同时促进了 M-S-H 的崩解流失，使得试件表面有厚厚的白色结晶沉积。

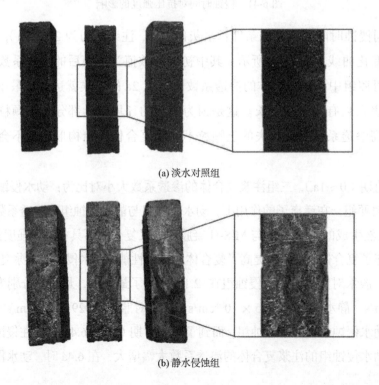

(a) 淡水对照组

(b) 静水侵蚀组

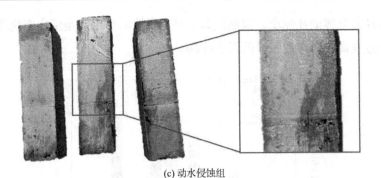

(c) 动水侵蚀组

图 6-43　6.4a 时注浆复合体对比

2）水灰比对注浆复合体弱化规律影响

不同水灰比下（其他条件：加速后理论侵蚀时间为 0.5a、注浆压力为 2.0MPa），注浆复合体的强度如图 6-44 所示。由图 6-44 所示，注浆复合体的强度随水灰比的增大而减小，但其降低率越来越小。在水灰比较小时，前期水的比例不足以为水泥水化反应提供全部水分，水灰比影响着前期的水化速率与胶结程度，其变化对复合体的强度影响较大；在水灰比较大时，前期水的含量超过水泥水化反应所需水，水灰比影响着复合体的孔隙率，其变化对复合体的强度影响较小。三组复合体的抗压强度大小对比为：淡水对照组 > 静水侵蚀组 > 动水侵蚀组。而且，随着水灰比的增大，三组注浆复合体的强度差距越来越大，这是因为水灰比的增大会提高复合体的孔隙率，前期镁离子对复合体的侵蚀弱化效果会放大，孔隙率的增大导致镁离子的侵蚀效果提高。

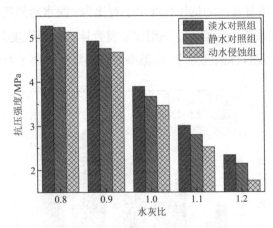

图 6-44　水灰比对抗压强度的影响

不同水灰比下（其他条件：加速后理论侵蚀时间为 0.5a、注浆压力为 2.0MPa），注浆复合体的渗透系数如图 6-45 所示。由图 6-45 所示，注浆复合体的渗透系数随水灰比的增大而增大。水灰比的增大会导致水泥含量降低，导致形成的 C-S-H 凝胶减少，复合体的孔隙率与渗透系数增大。三组复合体的渗透系数大小对比为：动水侵蚀组 < 静水侵蚀组 < 淡水对照组。而且，随着水灰比的增大，三组注浆复合体的渗透系数越来越大。这是因为水灰

比的增大会提高复合体的孔隙率，前期镁离子对复合体的作用就是反应产物填充孔隙，孔隙率的增大导致镁离子对渗透系数的影响提高。

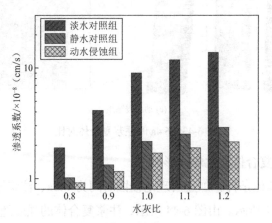

图 6-45　水灰比对渗透系数的影响

3）注浆压力对注浆复合体弱化规律影响

不同注浆压力下（其他条件：侵蚀时间是 0.5a、水灰比是 1），注浆复合体的强度如图 6-46 所示。由图 6-46 可知，注浆复合体的强度随注浆压力的增大而增大，但其增长率越来越大。在注浆压力较小时，在前期水的含量超过水泥水化反应所需水，注浆压力影响着复合体的孔隙率，其变化对复合体的强度影响较小；在注浆压力较大时，在前期水的比例不足以为水泥水化反应提供全部水分，注浆压力影响着前期的水化速率与胶结程度，其变化对复合体的强度影响较大。三组复合体的抗压强度大小对比为：淡水对照组 > 静水侵蚀组 > 动水侵蚀组。而且，随着注浆压力的增大，三组注浆复合体的抗压强度差距在减小，这是因为注浆压力的增加会降低复合体的孔隙率，孔隙率的减小导致镁离子对抗压强度的影响降低。

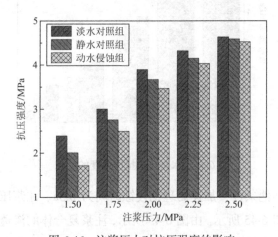

图 6-46　注浆压力对抗压强度的影响

不同注浆压力下（其他条件：侵蚀时间是 0.5a、水灰比是 1），注浆复合体的渗透系数如图 6-47 所示。由图 6-47 可知，注浆复合体的渗透系数随注浆压力的增大而减小。注浆压力增大会导致水泥含量增加，形成的 C-S-H 凝胶增加，导致复合体的孔隙率与渗透系数减小。三组复合体的渗透系数大小对比为：动水侵蚀组＜静水侵蚀组＜淡水对照组。而且，随着注浆压力的增加，三组注浆复合体的渗透系数差距在减小，这是因为注浆压力增加会降低复合体的孔隙率，而在前期镁离子对复合体的作用就是反应产物填充孔隙，注浆压力的增加导致镁离子对渗透系数的影响降低。

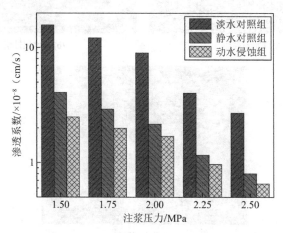

图 6-47　注浆压力对渗透系数的影响

4）注浆复合体微观测试

选取侵蚀时间为 6.4a 的注浆复合体试样，通过 SEM、EDS 和 XRD 等表征了其微观结构和成分的变化。SEM 结构如图 6-48 所示，三组复合体的主要元素比例如表 6-13 所示，XRD 图谱如图 6-49 所示。

从表 4-3、图 6-48 和图 6-49 可以看出，淡水对照组中注浆复合体的结构致密有序，胶结性和整体性较好，孔隙及裂缝较少，主要成分为 Ca、Si、O 三种元素，其主要结构组成为 C-S-H 凝胶与 SiO_2。而在静水侵蚀组中，复合体结构出现较为明显裂缝，且表面结构凹凸不平。相比于淡水对照组，Ca、Si 元素明显减少，Mg 元素明显增多，但 Mg 元素增长量少于 Ca、Si 元素的减少量，这是因为镁离子被复合体结构中的水化产物 [$Ca(OH)_2$ 与 C-S-H] 吸附并发生反应生成 $Mg(OH)_2$ 与 M-S-H，导致钙、硅元素的大量流失，但仅有部分侵蚀产物能留在复合体结构中。而在动水侵蚀组中，可以看到更加明显的裂缝结构，晶体更加粗糙、无序，同时 Ca、Si 元素依旧保持较低的含量，Mg 元素含量不增反减，这表明侵蚀产物 $Mg(OH)_2$ 与 M-S-H 进一步地从复合体结构中剥离分解出来，孔隙与裂隙进一步扩展，复合体加速弱化。

以上结果表明，镁离子的渗透与侵蚀会导致注浆复合体钙离子的大量流失，导致旧有的结构崩解失效，而侵蚀产物 $Mg(OH)_2$ 与 M-S-H 不具备胶凝能力，易从注浆复合体结构中脱落出来，增大了复合体的孔隙与裂缝，导致了注浆复合体强度与抗渗性能的降低；动水环境会促进镁离子更快地进入复合体内部，并加速钙离子与侵蚀产物的流失，加速注浆复合体的弱化。

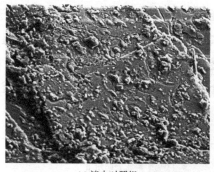

(a) 淡水对照组

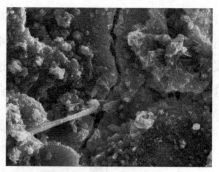

(b) 静水侵蚀组

(c) 动水侵蚀组

图 6-48　注浆复合体 6.4a 时电镜扫描结构

不同侵蚀条件下注浆复合体的主要元素及质量占比　　　　表 6-13

元素	Ca	Si	O	Al	C	Fe	S	Mg
淡水对照组/%	36.43	30.15	23.5	6.44	1.13	0.85	0.81	0.69
静水侵蚀组/%	9.96	11.53	50.89	3.54	15.14	1.15	0.01	7.77
动水侵蚀组/%	10.47	15.93	49.3	9.05	6.64	3.86	0.56	4.2

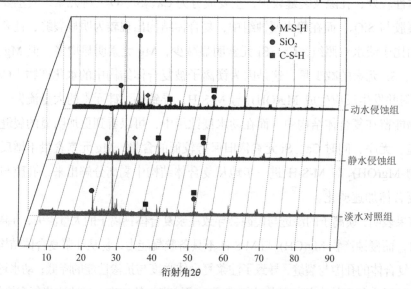

图 6-49　注浆复合体 6.4a 时 XRD 图谱

6.2.2   海水环境下注浆复合体弱化规律

上一节开展了海水主要离子（Cl^-、SO_4^{2-}、Mg^{2+}）各自在动水环境下对注浆复合体的侵蚀弱化机理的研究。本节则主要开展海水侵蚀环境下的注浆复合体侵蚀弱化规律及机理研究；并进行注浆复合体单轴受压应力-应变曲线分析与公式拟合，提出海水侵蚀影响因子及动水环境影响因子，建立注浆复合体的弱化模型。

1. 侵蚀时间对注浆复合体弱化规律影响

（1）不同侵蚀时间下（其他条件：水灰比 1、注浆压力 2.0MPa），注浆复合体的强度变化曲线如图 6-50 所示。可以看出，淡水对照组中注浆复合体的强度在加速后理论侵蚀时间为 2.1a 的时候才达到了峰值的 90% 左右，此后缓慢地增长。这是因为试验的加速设计仅针对海水的侵蚀反应而非水泥的水化反应与其产物胶结作用，其加倍速率远不及海水的侵蚀反应。淡水对照组的抗压强度在实际试验时间达到 14d 左右就接近了高峰。这是因为较高的环境温度加速了水泥熟料的水化反应及 C-S-H 凝胶的生成，使得注浆复合体的强度峰值提前到来。

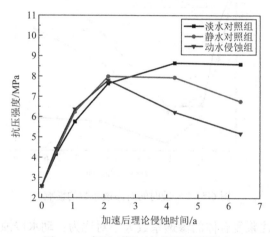

图 6-50   侵蚀时间对抗压强度的影响

在试验前中期（0～1a），三组注浆复合体的抗压强度大小及增长速度大小对比为：动水侵蚀组 > 静水侵蚀组 > 淡水对照组。处在侵蚀环境下的静水侵蚀组和动水侵蚀组的注浆复合体的强度反而更大。这是因为渗透入注浆复合体的海水中主要离子会同水化产物中的 $Ca(OH)_2$ 与 C_3A 反应，其产物（费氏盐、钙矾石等）可填充复合体孔隙，具有较好胶凝能力，使复合体结构更加稳固，从而使得注浆复合体的抗压强度增加。在 2.1a 时，静水侵蚀组与动水侵蚀组注浆复合体的强度率先达到了峰值，随后出现下降的趋势，而淡水对照组的注浆复合体的强度尚在上升期间。到了试验后期（2.1～6.4a），处在侵蚀环境下的静水侵蚀组和动水侵蚀组的注浆复合体的强度出现了明显的降低，6.4a 时，静水侵蚀组组抗压强度为 6.75MPa，动水侵蚀组组抗压强度为 5.18MPa，相较于淡水对照组的最高值 8.59MPa，分别下降了 20.4%与 39.7%。这是因为前期侵蚀产物的生成虽然填充了一部分注浆复合体的孔隙，提高了强度，但是随着其不断生成，晶体体积膨胀带来的应力会在注浆复合体内部形成裂缝，反而加大了孔隙的贯通度，降低了强度。

三条曲线的峰值分别是：淡水对照组为 8.59MPa；静水侵蚀组为 7.99MPa；动水侵蚀组为 7.80MPa。可以看出，静水侵蚀组与动水侵蚀组复合体的强度峰值小于淡水对照组，这说明海水的弱化侵蚀作用一直存在着，前期较快的强度增长是因为水化反应与侵蚀产物带来的增强效应大于海水的弱化效应，在宏观性能上的体现了海水的增强作用。

（2）不同侵蚀时间下（其他条件：水灰比是 1、注浆压力为 2.0MPa），注浆复合体的渗透系数变化曲线如图 6-51 所示。其中初始的数值为脱模后的渗透系数。由图 4-51 可知，淡水对照组中注浆复合体的渗透系数同样在 2.1a 的时候就达到了最小值，不同的是，其渗透系数有缓慢的下降。这是因为饱和的环境会让部分黏土颗粒顺着孔隙流失，从而增加渗透系数。但流失的土颗粒不参与复合体的结构形成，不会对强度造成影响。

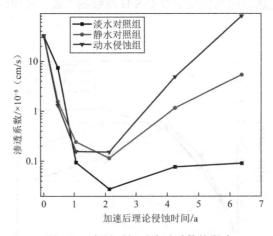

图 6-51　侵蚀时间对渗透系数的影响

在 0.5a 时，三组注浆复合体的渗透系数大小对比为：动水侵蚀组 < 静水侵蚀组 < 淡水对照组。在海水的作用下，动水侵蚀组与静水侵蚀组的渗透系数明显小于淡水对照组，这是因为侵蚀产物有效地填充了复合体的孔隙，提高了复合体的抗渗性能。在 2.1a 时，三组复合体的渗透系数达到了最小值，动水侵蚀组是 0.15×10^{-8}cm/s，静水侵蚀组是 0.11×10^{-8}cm/s，淡水对照组是 0.028×10^{-8}cm/s，其中淡水对照组的值远小于动水侵蚀组与静水侵蚀组。而到了试验后期（2.1~6.4a），处在侵蚀环境下的静水侵蚀组和动水侵蚀组的注浆复合体的渗透系数大幅增大，在 6.4a 时，动水侵蚀组的渗透系数超过了其初始值，这是因为侵蚀产物晶体带来的内应力增大，导致孔隙增加、贯通。

图 6-52 是 6.4a 时三组注浆复合体试件图片，可清晰看出淡水对照组中试件表面光滑、致密无明显孔隙；而静水对照组中试件表面粗糙，有少量结晶盐析出，有明显开裂，裂缝贯穿整个试件，边角出现脱落，暴露出内部结构；这种情况在动水侵蚀组中更加明显，外

层几乎完全脱落，使内部结构暴露于侵蚀环境下，试件尺寸损失率最高达 7.5%。

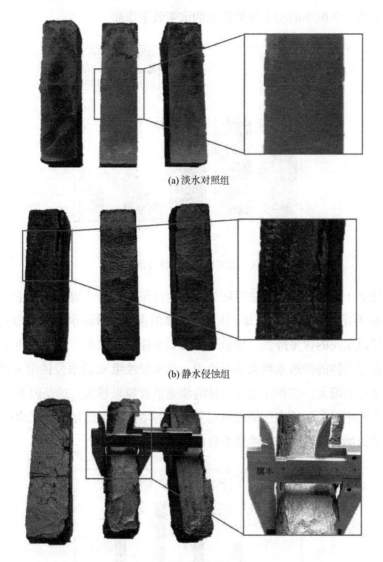

(a) 淡水对照组

(b) 静水侵蚀组

(c) 动水侵蚀组

图 6-52 6.4a 时注浆复合体对比

2. 水灰比对注浆复合体弱化规律影响

不同水灰比下（其他条件：侵蚀时间为 0.5a、注浆压力为 2.0MPa），注浆复合体的强度如图 6-53 所示。可以看出，注浆复合体的强度随水灰比的增大而减小，但其降低率越来越小。在水灰比较小时，前期水的比例不足以为水泥水化反应提供全部水分，水灰比影响着前期的水化速率与胶结程度，其变化对复合体的强度影响较大；在水灰比较大时，前期水的含量超过水泥水化反应所需水，水灰比影响着复合体的孔隙率，其变化对复合体的强度影响较小。三组复合体的抗压强度大小对比为：动水侵蚀组＞静水侵蚀组＞淡水对照组。而且，随着水灰比的增大，三组注浆复合体的强度差距越来越大。这是因为水灰比的增大会提高复合体的孔隙率，而在前期海水对复合体的增强效果就是通过反应产物填充孔隙从而实现强度增大的，孔隙率的增大导致海水的增强效果提高。

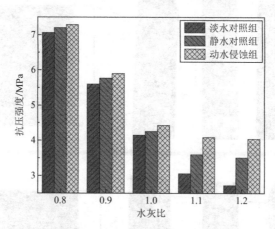

图 6-53   水灰比对抗压强度的影响

不同水灰比下（其他条件：侵蚀时间为 0.5a、注浆压力为 2.0MPa），注浆复合体的渗透系数如图 6-54 所示。由图 6-54 可知，注浆复合体的渗透系数随水灰比的增大而增大。水灰比的增大会导致水泥的含量降低，导致形成的 C-S-H 凝胶减少，复合体的孔隙率与渗透系数增大。三组复合体的渗透系数大小对比为：动水侵蚀组 < 静水侵蚀组 < 淡水对照组。而且，随着水灰比的增大，三组注浆复合体的渗透系数越来越大。这是因为水灰比增大会导致复合体的孔隙率提高，而在前期海水对复合体的增强效果就是通过反应产物填充孔隙实现的，孔隙率的增大导致海水对渗透系数的影响提高。

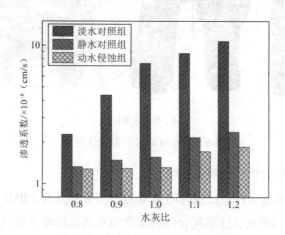

图 6-54   水灰比对渗透系数的影响

3. 注浆压力对注浆复合体弱化规律影响

不同注浆压力下（其他条件：加速后理论侵蚀时间是 0.5a、水灰比是 1），注浆复合体的强度如图 6-55 所示。可以看出，注浆复合体的强度随注浆压力的增大而增大，但其增长率越来越大。在注浆压力较小时，前期水的含量超过水泥水化反应所需水，注浆压力影响着复合体的孔隙率，其变化对复合体的强度影响较小；在注浆压力较大时，前期水的比例不足以为水泥水化反应提供全部水分，注浆压力影响着前期的水化速率与胶结程度，其变化对复合体的强度影响较大。三组复合体的抗压强度大小对比为：动水侵蚀组 > 静水侵蚀组 > 淡水对照组。而且，随着注浆压力的增大，三组注浆复合体的强度差距越来越小，这是因为注浆压力的增大会降低复合体的孔隙率，而在前期海水对复合体的增强效果就是通过反应产物填充孔隙从而增大强度的，孔隙率降低导致海水的增强效果降低。

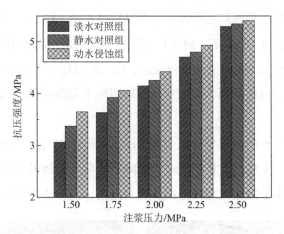

图 6-55　注浆压力对抗压强度的影响

不同注浆压力下（其他条件：加速后理论侵蚀时间是 0.5a、水灰比是 1），注浆复合体的渗透系数如图 6-56 所示。由图 6-56 可知，注浆复合体的渗透系数随注浆压力的增大而减小。注浆压力的增大会导致水泥的含量增加，形成的 C-S-H 凝胶增加，导致复合体的孔隙率与渗透系数减小。三组复合体的抗压强度大小对比为：动水侵蚀组 > 静水侵蚀组 > 淡水对照组。而且，随着注浆压力的增大，三组注浆复合体的渗透系数差距在减小，这是因为注浆压力的增大会降低复合体的孔隙率，而在前期海水对复合体的增强效果就是通过反应产物填充孔隙实现的，孔隙率的降低会导致海水对渗透系数的影响降低。

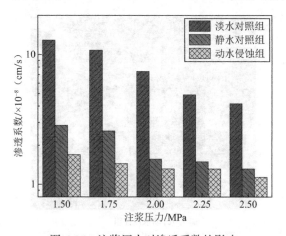

图 6-56　注浆压力对渗透系数的影响

4. 注浆复合体微观测试

选取加速后理论侵蚀时间为 6.4a 的注浆复合体试样，通过 SEM、EDS 和 XRD 等表征其微观结构和成分的变化。SEM 结果如图 6-57 所示，三组复合体的元素成分比例如表 6-14 所示，XRD 图谱如图 6-58 所示。

从表 6-14、图 6-57 和图 6-58 可以看出，淡水对照组的结构紧密，胶结性和整体性较好，无明显孔隙与裂纹，主要由 O、Ca、Si 元素组成，构成为 C-S-H 凝胶。而在静水侵蚀组中，结构粗糙、松散，晶体间独立性高无明显胶结现象，Cl、S、Mg 元素含量增加，有明显的侵蚀产物（费氏盐、钙矾石、M-S-H）生成。到了动水侵蚀组中，复合体结构出现了明显的裂缝，且孔隙更大，相较于静水侵蚀组，Cl、S、Mg 元素含量反而减少，XRD 图谱中对应的侵蚀产物峰谱也在减弱，说明在动水的影响下部分侵蚀产物流失，剥落出复合体结构。

以上结果表明，海水的渗透与侵蚀会破坏注浆复合体旧有的水泥结构，增大注浆复合体的孔隙率与贯通性，生成的大量侵蚀产物会降低注浆复合体的强度与抗渗性能；动水环境的存在会加快海水离子的输入与其侵蚀产物的流出，进一步加剧这种侵蚀。

(a) 淡水对照组

(b) 静水侵蚀组

(c) 动水侵蚀组

图 6-57　注浆复合体 6.4a 时电镜扫描结构

不同侵蚀条件下注浆复合体的成分及质量占比　　　表 6-14

元素	O	Si	Ca	C	Al	S	Fe	Mg	Cl	Na
淡水对照组/%	52.13	16.31	11.92	6.74	6.45	4.46	1.35	0.64	—	—
静水侵蚀组/%	50.85	8.42	6.4	2.58	2.85	1.68	1.26	18.47	5.17	2.32
动水侵蚀组/%	53.98	4.4	19.04	10.36	1.1	0.46	1.04	6.21	1.87	1.54

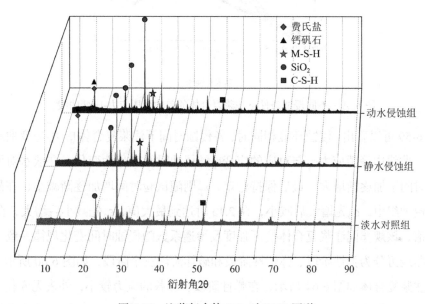

图 6-58　注浆复合体 6.4a 时 XRD 图谱

5. 注浆复合体损伤弱化模型

1）注浆复合体单轴受压应力-应变曲线

对海水侵蚀环境下，不同侵蚀时间（其他条件：水灰比 1、注浆压力 2.0MPa）注浆复合体进行单轴受压试验，其应力-应变曲线如图 6-59 所示。

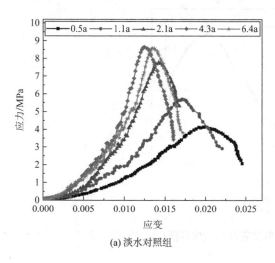

(a) 淡水对照组

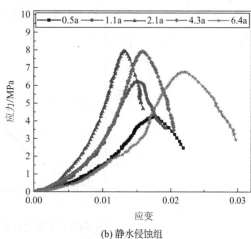

(b) 静水侵蚀组

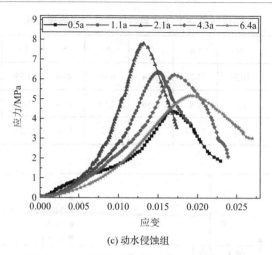

(c) 动水侵蚀组

图 6-59　不同侵蚀条件下注浆复合体的单轴受压应力-应变曲线

从图 6-59 可以看出，侵蚀环境相同时，各侵蚀时间下注浆复合体应力-应变曲线形状及趋势相同。曲线中峰值应力 σ_p 与对应的应变 ε_p 随侵蚀时间变化而变化，在淡水对照组中，σ_p 随试验时间增加逐渐增大，最后保持稳定，ε_p 则随试验时间增加逐渐减小；在静水侵蚀组与动水侵蚀组中，σ_p 先增大后减小，在 2.1a 时达到最大值，ε_p 先减小后增大，在 2.1a 时达到最小值，该规律同注浆复合体抗压强度及渗透系数随侵蚀时间变化规律一致。

整个曲线可分为弹性阶段、弹塑性阶段和破坏阶段三个阶段，如图 6-60 所示。不同加载阶段下注浆复合体如图 6-61 所示，在弹性阶段，加载的应力较小，外表无变化，此时注浆复合体内部的细微裂纹与孔隙在压力作用下闭合，密实度增大，故应力-应变曲线斜率逐渐增大；弹性阶段结束刚进入弹塑性阶段时，应力-应变曲线近似线性关系，但会出现小幅波动及振荡现象，这是加载过程中注浆复合体出现裂纹引起的，在接近应力峰值时，注浆复合体出现裂纹并逐渐扩展，曲线开始偏离直线，斜率减小，直至达到峰值；当应力到达峰值后，进入破坏阶段，应力快速下降，直至注浆复合体碎裂，破坏失效。

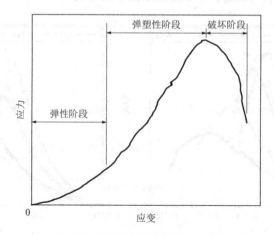

图 6-60　注浆复合体典型应力-应变曲线图

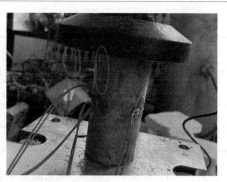

(a) 弹性阶段　　　　　　　　　　　　　(b) 弹塑性阶段

(c) 破坏阶段

图 6-61　不同加载阶段下注浆复合体

2）应力-应变曲线无量纲化

为更好地反映注浆复合体应力-应变变化规律, 对应力应变取相对值, 对其做如式(6-18)处理[14]：

$$y = \frac{\sigma}{\sigma_p}$$
$$x = \frac{\varepsilon}{\varepsilon_p}$$

$$(6-18)$$

式中：σ_p 为峰值应力大小, MPa；ε_p 为峰值应力对应的应变大小, 无量纲；σ 为曲线任一点应力, MPa；ε 为曲线任一点应变, 无量纲。

各曲线的峰值应力 σ_p 及对应的应变 ε_p 如表 6-15 所示。

峰值应力及对应的应变　　　　　　　　　　　　　　表 6-15

侵蚀时间/a	侵蚀条件					
	淡水对照组		静水侵蚀组		动水侵蚀组	
	σ_p/MPa	ε_p	σ_p/MPa	ε_p	σ_p/MPa	ε_p
0.5	4.148	0.0198	4.255	0.0175	4.380	0.0167
1.1	5.704	0.0171	6.233	0.0150	6.365	0.0150
2.1	7.772	0.0142	7.951	0.0130	7.797	0.0132

侵蚀时间/a	侵蚀条件					
	淡水对照组		静水侵蚀组		动水侵蚀组	
	σ_p/MPa	ε_p	σ_p/MPa	ε_p	σ_p/MPa	ε_p
4.3	8.648	0.0125	7.930	0.0158	6.233	0.0171
6.4	8.591	0.0134	6.766	0.022	5.186	0.0191

无量纲化后注浆复合体应力-应变曲线如图 6-62 所示。可以看出：淡水对照组中，弹性阶段各曲线变化率一致；在弹塑性阶段，随侵蚀时间增加，曲线增长率变大，曲线的"陡峭"程度增大，这说明注浆复合体的刚度明显提高，这是因为水泥水化程度随时间增长而变大，有效提高了注浆复合体抵抗变形的能力；在破坏阶段，随试验时间增加曲线下降速率增大，这说明注浆复合体的脆性随时间增长，这是因为水泥水化程度增长虽然提高了注浆复合体的强度与刚度，但也使得复合体脆性增加，破坏时变形减小。

静水侵蚀组中，弹性阶段各曲线变化率一致；在弹塑性阶段，随侵蚀时间增加曲线增长率先变大后减小，在 2.1a 时达到最大值，此规律同注浆复合体抗压强度随时间变化规律一致，这是因为试验后期海水离子的侵蚀增大了注浆复合体内部的孔隙及裂隙，在试验后期海水离子的侵蚀作用大于水泥水化反应的增强作用，导致注浆复合体的刚度下降；在破坏阶段，随侵蚀时间增加曲线下降速率先增大后减小，同样在 2.1a 时达到最大值，此规律同注浆复合体抗压强度随时间变化规律一致。

动水侵蚀组中，在弹性阶段，随侵蚀时间增加曲线增长率先变大后减小，在 2.1a 时达到最大值，此规律同注浆复合体抗压强度随时间变化规律一致，这是因为弹性阶段时曲线的增长率受注浆复合体内的孔隙与裂纹影响，水流环境促进了海水离子对注浆复合体孔隙结构的影响，进而影响弹性阶段曲线增长率；弹塑性阶段各曲线变化率一致；在破坏阶段，随侵蚀时间增加曲线下降速率先增大后减小，同样在 2.1a 时达到最大值，这是因为海水离子的侵蚀作用在试验后期大于水泥水化反应的增强作用，导致注浆复合体的塑性增强，同时水流的作用放大了各时间下注浆复合体的曲线下降率的差异。

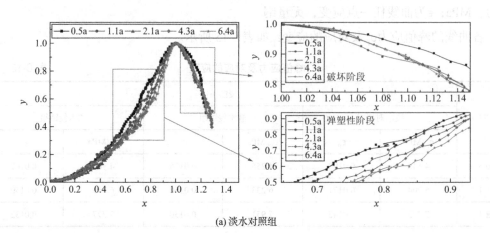

(a) 淡水对照组

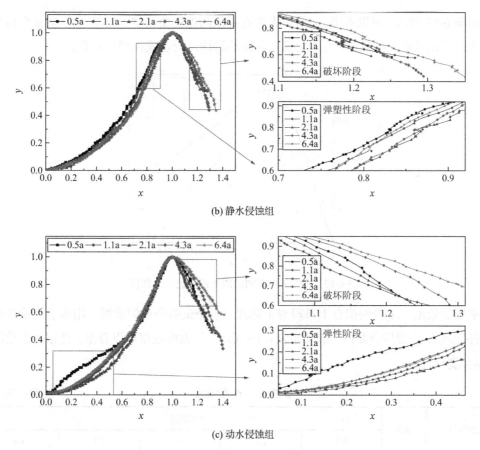

(b) 静水侵蚀组

(c) 动水侵蚀组

图 6-62　注浆复合体无量纲化应力-应变曲线

3）应力-应变曲线拟合方程

从图 6-60 可以得出注浆复合体应力-应变曲线拟合方程的边界条件：

（1）$x \leqslant 0$，$0 \leqslant y \leqslant 1$；

（2）$x = 0$，$y = 0$；

（3）$0 < x < 1$ 时，$\mathrm{d}y/\mathrm{d}x > 0$；

（4）$x = 1$ 时，$y = 1$，$\mathrm{d}y/\mathrm{d}x = 0$；

（5）$1 < x < +\infty$ 时，$0 < y < 1$，$\mathrm{d}y/\mathrm{d}x < 0$；

（6）$x \to +\infty$ 时，$y \to 0$，$\mathrm{d}y/\mathrm{d}x \to 0$。

将应力-应变曲线分为上升段和下降段进行拟合，选取过镇海[15]提出的拟合方程分别拟合，其方程式如式(6-19)所示。

$$y = \frac{x}{A(x-1)^2 + x} \tag{6-19}$$

从式(6-19)可以看出，在上升段，A 值越大，曲线的"下凹性"便越明显，在 x 值较小的时候，y 值增长较慢，接近峰值时 y 值增长率变大，此趋势与注浆复合体应力-应变曲线规律一致；在下降段，同样的，y 值的下降率随 A 的增大而增大。A 在不同取值下拟合公式曲线对比如图 6-63 所示，可以看出，A 值越大则在峰值附近的曲线越"陡峭"，注浆复合体的脆性越大，可以认定，参数 A 代表了注浆复合体的脆性，两者成正相关关系。

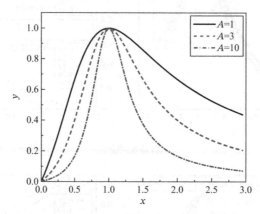

图 6-63　参数 A 在不同取值下拟合公式曲线图

采用参数 A_1、A_2 分别拟合上升段与下降段。基于试验所得的数据，用最小二乘法计算各试件的应力-应变拟合曲线，结果如表 6-16 所示，从表格数据可以看出，其相关系数接近1，吻合度良好。

<table>
<tr><td colspan="2" align="center">参数 A_1、A_2 的确定</td><td colspan="5" align="right">表 6-16</td></tr>
</table>

侵蚀环境	参数	侵蚀时间/a				
		0.5	1.1	2.1	4.3	6.4
淡水对照组	A_1	5.746	7.002	9.191	10.378	10.151
	R^2	0.992	0.981	0.981	0.969	0.934
	A_2	12.863	14.708	15.530	16.478	16.489
	R^2	0.881	0.990	0.977	0.971	0.970
静水侵蚀组	A_1	6.064	7.339	9.724	9.715	8.342
	R^2	0.990	0.992	0.981	0.990	0.985
	A_2	12.978	15.194	15.111	14.380	10.743
	R^2	0.995	0.968	0.969	0.971	0.980
动水侵蚀组	A_1	6.242	7.809	9.639	7.791	5.503
	R^2	0.899	0.987	0.993	0.963	0.997
	A_2	13.398	16.593	14.606	11.317	6.117
	R^2	0.992	0.925	0.998	0.944	0.998

从表 6-16 可以看出，淡水对照组中，拟合的参数 A_1、A_2 随试验时间增加逐渐增大，最后保持稳定；静水侵蚀组中，拟合的参数 A_1、A_2 随试验时间增加先变大后减小，在 2.1a 时达到最大值；动水侵蚀组中，拟合的参数 A_1、A_2 随试验时间增加先变大后减小，同样在 2.1a 时达到最大值，此规律同注浆复合体抗压强度随时间变化规律一致，也侧面印证了参数 A

与注浆复合体脆性的相关性。

则得到不同环境下注浆复合体应力-应变曲线拟合公式：

淡水对照组中：

$$y = \begin{cases} \dfrac{x}{A_{f1}(x-1)^2 + x} & (0 \leqslant x \leqslant 1) \\[3mm] \dfrac{x}{A_{f2}(x-1)^2 + x} & (x > 1) \end{cases} \tag{6-20}$$

式中：A_{f1} 为淡水对照组中上升段曲线的拟合公式的参数；A_{f2} 为淡水对照组中上升段曲线的拟合公式的参数。

静水侵蚀组中：

$$y = \begin{cases} \dfrac{x}{A_{s1}(x-1)^2 + x} & (0 \leqslant x \leqslant 1) \\[3mm] \dfrac{x}{A_{s2}(x-1)^2 + x} & (x > 1) \end{cases} \tag{6-21}$$

式中：A_{s1} 为静水侵蚀组中上升段曲线的拟合公式的参数；A_{s2} 为静水侵蚀组中下降段曲线拟合公式的参数。

动水侵蚀组中：

$$y = \begin{cases} \dfrac{x}{A_{d1}(x-1)^2 + x} & (0 \leqslant x \leqslant 1) \\[3mm] \dfrac{x}{A_{d2}(x-1)^2 + x} & (x > 1) \end{cases} \tag{6-22}$$

式中：A_{d1} 为动水侵蚀组中上升段与下降段曲线拟合公式的参数；A_{d2} 为动水侵蚀组中下降段曲线拟合公式的参数。

对淡水对照组中拟合曲线的参数 A_{f1}、A_{f2} 与试验时间关系进行拟合分析，对数函数较为符合其变化趋势，得到的回归公式如式(6-23)、式(6-24)所示，图 6-64 为拟合曲线。

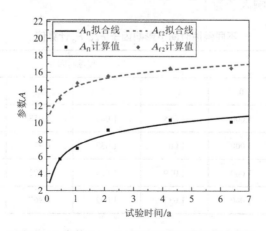

图 6-64　参数 A_{f1}、A_{f2} 与试验时间关系拟合曲线

$$A_{f1} = 1.8645 \ln t + 7.2517 \quad R^2 = 0.9451 \tag{6-23}$$

$$A_{f2} = 1.388 \ln t + 14.289 \quad R^2 = 0.9525 \tag{6-24}$$

式中：t 为试验时间，a。

将式(6-18)、式(6-23)与式(6-24)代入式(6-20)，可得到任意时间下淡水对照组注浆复合体的应力-应变关系式：

$$\sigma = \begin{cases} \dfrac{\sigma_p(t)\varepsilon_p(t)\varepsilon}{(1.8645 \ln t + 7.2517)\left[\varepsilon - \varepsilon_p(t)\right]^2 + \sigma_p(t)\varepsilon_p(t)} & (0 \leqslant \varepsilon \leqslant \varepsilon_p(t)) \\ \dfrac{\sigma_p(t)\varepsilon_p(t)\varepsilon}{(1.388 \ln t + 14.289)\left[\varepsilon - \varepsilon_p(t)\right]^2 + \sigma_p(t)\varepsilon_p(t)} & (\varepsilon > \varepsilon_p(t)) \end{cases} \tag{6-25}$$

式中：$\sigma_p(t)$ 为试验时间为 t 时注浆复合体应力-应变曲线峰值应力 σ_p；$\varepsilon_p(t)$ 为试验时间为 t 时刻注浆复合体应力-应变曲线峰值应力 σ_p 对应的应变 ε_p。

由式(6-25)可知，只需得到某个试验时刻注浆复合体的最大应力 σ_p 及对应的应变 ε_p，即可得到该注浆复合体的完整应力-应变曲线。

采用海水侵蚀影响因子 F_s 及动水环境影响因子 F_d 来表征海水环境与动水环境对注浆复合体应力-应变曲线的影响，其计算方法如式(6-26)、式(6-27)所示。即分别求表 6-16 中静水侵蚀组与淡水对照组、动水侵蚀组与静水侵蚀组的参数比值。

$$F_{s1} = \frac{A_{s1}}{A_{f1}}, \ F_{s2} = \frac{A_{s2}}{A_{f2}} \tag{6-26}$$

$$F_{d1} = \frac{A_{d1}}{A_{s1}}, \ F_{d2} = \frac{A_{d2}}{A_{s2}} \tag{6-27}$$

式中：F_{s1}、F_{s2} 分别为静水侵蚀组中上升段与下降段海水侵蚀影响因子；F_{d1}、F_{d2} 分别为静水侵蚀组中上升段与下降段海水侵蚀影响因子。

求得不同侵蚀时间下海水侵蚀影响因子 F_s 及动水环境影响因子 F_d 如表 6-17 所示，其中需设置初始时间点的影响因子为 1。

不同侵蚀时间下影响因子 F_s、F_d 计算值　　　　　　　表 6-17

侵蚀环境	影响因子	侵蚀时间/a					
		0	0.5	1.1	2.1	4.3	6.4
海水侵蚀影响因子	F_{s1}	1.000	1.055	1.048	1.058	0.936	0.822
	F_{s2}	1.000	1.009	1.033	0.973	0.873	0.652
动水环境影响因子	F_{d1}	1.000	1.029	1.064	0.991	0.802	0.660
	F_{d2}	1.000	1.032	1.092	0.967	0.787	0.569

由表 6-17 可以看出，随侵蚀时间增长，各影响因子均先增长后下降，采用二次多项式

对 4 个影响因子进行拟合，结果如式(6-28)～式(6-31)所示，相关系数接近 1，吻合度良好，图 6-65 为拟合曲线。

$$F_{s1} = -0.0092t^2 + 0.0247t + 1.0265, \qquad R^2 = 0.9419 \tag{6-28}$$

$$F_{s2} = -0.0111t^2 + 0.0151t + 1.0068, \qquad R^2 = 0.9921 \tag{6-29}$$

$$F_{d1} = -0.008t^2 - 0.0102t + 1.0353, \qquad R^2 = 0.9518 \tag{6-30}$$

$$F_{d2} = -0.0112t^2 - 0.0042t + 1.0385, \qquad R^2 = 0.9592 \tag{6-31}$$

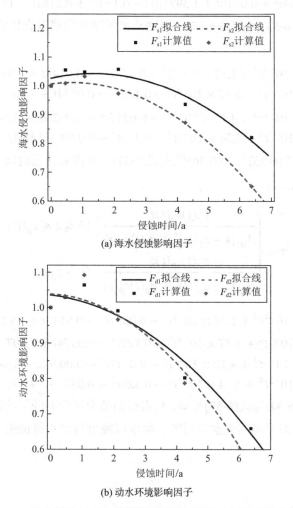

图 6-65　海水侵蚀与动水环境影响因子与侵蚀时间关系拟合曲线

将式(6-23)、式(6-24)、式(6-28)与式(6-29)代入式(6-26)，则得到静水侵蚀组注浆复合体应力-应变曲线拟合公式参数 A_{s1}、A_{s2} 为：

$$A_{s1} = (-0.0172t^2 + 0.0461t + 1.914)\ln t - 0.0667t^2 + 0.179t + 7.444 \tag{6-32}$$

$$A_{s2} = (-0.0154\,t^2 + 0.0210t + 1.397)\ln t - 0.159t^2 + 0.2161t + 14.386 \tag{6-33}$$

则将式(6-18)、式(6-32)与式(6-33)代入式(6-21)，可得到任意时间下静水侵蚀组注浆复合体的应力-应变关系式：

$$\sigma = \begin{cases} \dfrac{\sigma_{\mathrm{p}}(t)\varepsilon_{\mathrm{p}}(t)\varepsilon}{A_{\mathrm{s1}}[\varepsilon - \varepsilon_{\mathrm{p}}(t)]^2 + \sigma_{\mathrm{p}}(t)\varepsilon_{\mathrm{p}}(t)} & (0 \leqslant \varepsilon \leqslant \varepsilon_{\mathrm{p}}(t)) \\[3mm] \dfrac{\sigma_{\mathrm{p}}(t)\varepsilon_{\mathrm{p}}(t)\varepsilon}{A_{\mathrm{s2}}[\varepsilon - \varepsilon_{\mathrm{p}}(t)]^2 + \sigma_{\mathrm{p}}(t)\varepsilon_{\mathrm{p}}(t)} & (\varepsilon > \varepsilon_{\mathrm{p}}(t)) \end{cases} \tag{6-34}$$

式中：$A_{\mathrm{s1}} = (-0.0172t^2 + 0.0461t + 1.914)\ln t - 0.0667t^2 + 0.179t + 7.444$；

$A_{\mathrm{s2}} = (-0.0154t^2 + 0.0210t + 1.397)\ln t - 0.159t^2 + 0.2161t + 14.386$

将式(6-30)～式(6-33)代入式(6-27)，得到动水侵蚀组注浆复合体应力-应变曲线拟合公式参数A_{d1}、A_{d2}：

$$\begin{aligned} A_{\mathrm{d1}} = {}& (1.37 \times 10^{-4}t^4 + 1.37 \times 10^{-4}t^3 - 0.0331t^2 - 0.0148t + 1.981)\ln t + \\ & 5.34 \times 10^{-4}t^4 + 5.37 \times 10^{-4}t^3 - 0.129t^2 - 0.0574t + 7.707 \end{aligned} \tag{6-35}$$

$$\begin{aligned} A_{\mathrm{d2}} = {}& (1.37 \times 10^{-4}t^4 + 4.12 \times 10^{-5}t^3 - 0.0317t^2 - 0.00266t + 1.046)\ln t + \\ & 1.78 \times 10^{-3}t^4 + 4.24 \times 10^{-4}t^3 - 0.326t^2 - 0.038t + 14.940 \end{aligned} \tag{6-36}$$

则将式(6-18)、式(6-35)与式(6-36)代入式(6-22)，可得到任意时间下动水侵蚀组注浆复合体的应力-应变关系式：

$$\sigma = \begin{cases} \dfrac{\sigma_{\mathrm{p}}(t)\varepsilon_{\mathrm{p}}(t)\varepsilon}{A_{\mathrm{d1}}[\varepsilon - \varepsilon_{\mathrm{p}}(t)]^2 + \sigma_{\mathrm{p}}(t)\varepsilon_{\mathrm{p}}(t)} & (0 \leqslant \varepsilon \leqslant \varepsilon_{\mathrm{p}}(t)) \\[3mm] \dfrac{\sigma_{\mathrm{p}}(t)\varepsilon_{\mathrm{p}}(t)\varepsilon}{A_{\mathrm{d2}}[\varepsilon - \varepsilon_{\mathrm{p}}(t)]^2 + \sigma_{\mathrm{p}}(t)\varepsilon_{\mathrm{p}}(t)} & (\varepsilon > \varepsilon_{\mathrm{p}}(t)) \end{cases} \tag{6-37}$$

式中：$A_{\mathrm{d1}} = (1.37 \times 10^{-4}t^4 + 1.37 \times 10^{-4}t^3 - 0.0331t^2 - 0.0148t + 1.981)\ln t +$

$5.34 \times 10^{-4}t^4 + 5.37 \times 10^{-4}t^3 - 0.129t^2 - 0.0574t + 7.707$

$A_{\mathrm{d2}} = (1.37 \times 10^{-4}t^4 + 4.12 \times 10^{-5}t^3 - 0.0317t^2 - 0.00266t + 1.046)\ln t +$

$1.78 \times 10^{-3}t^4 + 4.24 \times 10^{-4}t^3 - 0.326t^2 - 0.038t + 14.940$

由式(6-25)、式(6-34)与式(6-37)可知，只需得到某个试验时间下注浆复合体的最大应力σ_{p}及对应的应变ε_{p}，即可得到淡水对照组、静水侵蚀组与动水侵蚀组注浆复合体的完整应力-应变曲线。

6.3 试验结论

（1）基于达西定律，得到了海底隧道渗流量与衬砌外水压力的理论计算值，讨论比较了全封堵方式与排导方式两种地下水排导方法的渗流与水压力，探讨了注浆加固圈厚度与渗透系数对渗流量与衬砌外水压力的影响。研究结果表明，对注浆加固圈开展注浆加固处理，同时进行主动排水，方可同时实现隧道排水与减小水压力的目的。增大注浆加固圈厚度或降低注浆加固圈围岩渗透系数，可有效降低渗流量与衬砌外水压力，但超过一定阈值后，其增益效果便不再显著。在土体渗透系数与注浆加固圈渗透系数之比 $n_1 \leqslant 500$，注浆加固圈厚度不超过 10m 的范围内为注浆加固圈的合理设计参数。计算实例中隧道设计排水量 $Q_d = 0.2\text{m}^3/(\text{m} \cdot \text{d})$，为试验中动水流量的取值提供了参考。

（2）针对动水环境，自主设计研制了模拟海底隧道岩层中海水流动特性的加速侵蚀试验装置。模拟注浆复合体在实际环境的动态海水环境，由水泵控制流量大小，加热装置与温度传感控制器配合使用控制温度，并定期补水来控制海水浓度的稳定性，精确控制试验参数，综合考虑各影响因素，模拟了多影响因素耦合海底流动环境。基于劈裂注浆扩散模型，提出了注浆复合体中浆液、土、水的比例关系计算方法，描述了不同注浆压力与土体压缩模量下注浆复合体中浆液、土、水的质量关系，可得到均一稳定的注浆复合体。

（3）基于加速侵蚀理论，开展了单一离子及复合海水环境下的注浆复合体侵蚀弱化试验，探究了不同侵蚀时间、水灰比、注浆压力下注浆复合体的抗压强度与渗透系数的变化规律，对侵蚀后的复合体开展了微观测试与分析。结果表明，氯离子与硫酸根会先加强后削弱注浆复合体强度与抗渗性能，而镁离子会持续弱化注浆复合体强度。复合离子对注浆复合体的侵蚀规律与氯离子、硫酸根相同，这是因为氯离子与硫酸根的影响作用之和要大于镁离子影响。减小水灰比与增大注浆压力可提高注浆复合体的强度与抗渗性能，但超过一定阈值后，其增益效果便不再显著。微观测试表明，海水离子环境下注浆复合体的孔隙结构会扩大、合并，侵蚀性离子会在注浆复合体内积累，并不断反应生成强度低的侵蚀产物，而水泥水化反应产物则在动水的作用下剥落、流失，最终造成注浆复合体的侵蚀弱化。

（4）选取水灰比为 1、注浆压力 2.0MPa 的注浆复合体，对海水环境下不同侵蚀时间单轴受压应力-应变曲线开展分析，分上升段与下降段进行了拟合，拟合了参数与侵蚀时间的函数公式，并提出了海水侵蚀影响因子 F_s 及动水环境影响因子 F_d，建立注浆复合体的弱化模型，可通过任一时间下注浆复合体的最大应力 σ_p 及对应的应变 ε_p，求得淡水对照组、静水侵蚀组与动水侵蚀组注浆复合体的完整应力-应变曲线。

参 考 文 献

[1] 李鹏飞, 张顶立, 赵勇, 等. 海底隧道复合衬砌水压力分布规律及合理注浆加固圈参数研究[J]. 岩石力学与工程学报, 2012, 31(2): 280-288.

[2] 王建宇. 对隧道衬砌水压力荷载的讨论[C]. 中国土木工程学会第十二届年会暨隧道及地下工程分会第十四届年会, 上海: 2006.

[3] JAKOB C, JANSEN D, DENGLER J, et al.Controlling ettringite precipitation and rheological behavior in ordinary Portland cement paste by hydration control agent, temperature and mixing[J].Cement and Concrete Research, 2023, 166.

[4] REN C, WU S, WANG W, et al. Recycling of hazardous and industrial solid waste as raw materials for

preparing novel high-temperature-resistant sulfoaluminate-magnesia aluminum spinel cement [J]. Journal of Building Engineering, 2023, 64.

[5] LV Y, LU K, REN Y. Composite crystallization fouling characteristics of normal solubility salt in double-pipe heat exchanger [J]. International Journal of Heat and Mass Transfer, 2020, 156(1).

[6] 李鹏. 泥质断层劈裂注浆全过程力学机理与控制方法研究[D]. 济南: 山东大学, 2017.

[7] 王洪波. 海水侵蚀—渗流作用下砂层注浆扩散加固与劣化机理及应用[D]. 济南: 山东大学, 2019.

[8] CHEN Y, LIU P, ZHANG R, et al. Chemical kinetic analysis of the activation energy of diffusion coefficient of sulfate ion in concrete [J]. Chemical Physics Letters, 2020, 753(8).

[9] SANTHANAM M, COHEN M D, OLEK J. Modeling the effects of solution temperature and concentration during sulfate attack on cement mortars [J]. Cement and Concrete Research, 2002, 32(4): 585-592.

[10] ZHAO H, LI, TONG S, et al. Characterization of reaction products and reaction process of $MgO-SiO_2-H_2O$ system at room temperature [J]. Construction & Building Materials, 2014.

[11] ZHANG T, ZOU J, WANG B, et al. Characterization of Magnesium Silicate Hydrate (MSH) Gel Formed by Reacting MgO and Silica Fume [J]. Materials, 2018, 11(6).

[12] KWON S, CHO M, LEE S G. Intrinsic Kinetics of Platy Hydrated Magnesium Silicate (Talc) for Geological CO_2 Sequestration: Determination of Activation Barrier[J].Industrial & Engineering Chemistry Research, 2014, 53(42): 16523-16528.

[13] LI X, SHUI Z, YU R, et al. Magnesium induced hydration kinetics of ultra-high performance concrete (UHPC) served in marine environment: Experiments and modelling [J]. Construction and Building Materials, 2019, 224(C).

[14] 周海龙, 申向东, 薛慧君. 小龄期水泥土无侧限抗压强度试验研究[J]. 山东大学学报 (工学版), 2014, 44(01): 75-9.

[15] 过镇海. 第五届全国混凝土结构基本理论及工程应用学术会议举行[J]. 建筑结构, 1998, (11).